天下文化
BELIEVE IN READING

2030　未来のビジネススキル19
FUTURE BUSINESS SKILLS 19

未來力

打造不被AI取代的19種關鍵技能

SHIN TOMOMURA
友村晉——著
陳心慧 譯

目錄

第2章 AI無法取代「展現個人魅力的技能」

第3章 AI無法取代「重新審視自我的技能」

終章 AI無法取代「感覺幸福的技能」

※本書出版前已經盡可能確保內容正確無誤，對於應用本書內容導致的結果或無法應用的結果，作者和出版社將不承擔任何責任，還請見諒。

※「斷捨離」、「宇宙曆」是註冊商標。

前言

邁向沒有正確答案的未來所應具備的技能

預測未來最好的方法就是自己創造未來。

這是我非常喜歡的一句話，出自有「個人電腦之父」稱號的美國學者艾倫·凱（Alan Kay）。

包括 ChatGPT 在內的生成式ＡＩ的出現，為各行各業的人們帶來巨大的衝擊。人們認為這將為產業注入活力並有助於提升工作效率，但同時也引發許多白領階級和創意工作者的危機意識，擔心自己的工作將被科技取代。

同時，許多商務人士對未來感到擔憂，不知道接下來的時代應該選擇從事什麼樣的工作？又應該具備什麼樣的技能？

本書針對的就是這些對未來感到擔憂的商務人士。

本書整理了二十項商業世界必備的半永久性技能，今後無論包括AI技術在內的科技如何進步，都不會被取代（本書刊載十九項技能，最後一項祕密技能將做為附贈影片提供給購買本書的讀者。詳情請見〈後記〉）。

相信各位在閱讀完本書之後，必定可以擺脫「工作會被包括AI在內的科技取代」的擔憂情緒。

當你擺脫對茫茫未來的焦慮之後，想必就會清楚知道自己從明天起應該做什麼。不僅不再焦慮，還可以進一步找到提升自己市場價值的方法。

為什麼我可以這麼肯定呢？

大家好。我是友村晋，我的職業是科技未來學家。

「未來學家」（Futurists）可能是大家不熟悉的職業，目前也尚未有準確的日文翻譯用語，通常會譯為「未來預測師」或「未來預想家」。

未來學家以科技預測未來，就好像是經營者身邊有提供經營戰略建議的軍師。

我同時也是一名 YouTuber。在 YouTube 頻道「２０３０年的未來預測」上，我分享有關科技、商業、育兒、教育的未來等內容。感謝大家的支持，目前頻道的訂閱人數已經超過十四萬八千人（截至二〇二三年七月二十六日為止）。

「２０３０年的未來預測」頻道每天都會收到許多不同的留言。看到這些留言，我總是有這樣一種感覺。

那就是，許多人的提問或留言都是希望我能夠提供「正確答案」。

例如：

「取得這個證照，將來就能賺錢嗎？」

「轉行到這個業界，未來是不是就會有保障？」

「哪些才藝課程可以幫助小孩取得優勢？」

等等。

這個現象想必來自於對未知將來的焦慮，又或是學校教育只教導正確答案所導致的後遺症。相信很多人都以為凡事只有一個正確答案，而且希望有人能夠告訴自己正確答案。因為只要知道了正確答案，自己就不用思考，也不用煩惱。

也因為如此，近來有關預測未來的書籍掀起熱潮。這些預測未來的書籍不像占卜一樣抽象，而是學者根據數據進行預測，看起來非常合乎邏輯，讓人很容易以為這就是正確答案，因此非常受到歡迎。

然而，經濟學者和統計學者根據現有的數據預測未來，經常會做出悲觀的預測，一般人看到之後或許會感到有些憂鬱。

而且即使閱讀了這些書籍，很可惜地，仍然無法從中找到自己做為商務人士今後應該怎麼做的指引。

找不到指引的原因很簡單，因為未來根本不存在正確答案。

我非常能夠體會出社會後想要尋求正確答案的心情。

擔心好不容易學得一技之長，考取了證照，也找到了工作，但突然有一天卻發現這些工作全被科技取代，一切都是徒勞無功。

因此，許多人都希望能夠知道正確答案。

我之所以寫這本書，是因為我非常想告訴大家：無論有什麼樣的未來在等著我們，我們都有可以做的事，也都有可以開創未來的能力。

雖然我剛剛說沒有正確答案，但我依舊思考並列出了將來不容易被取代，而且對於商務人士來說具有廣泛通用性的技能。

換句話說，我做為科技未來學家，整理出了將來不太可能被科技取代的二十項技能。關於這二十項技能的名稱，有些已經為人所熟知，也有些技能名稱比較特殊，乍看之下或許會覺得摸不著頭緒。那是因為，這些技能不同於既有的商業技能，屬於未來的技能，因此尚未有正式的名稱。

還有一些名稱比較奇怪的技能，是我為了寫這本書而命名，希望大家至少能夠掌握重點，理解這些技能為什麼在未來不可或缺。

借用艾倫·凱的名言，希望大家閱讀完本書之後，和我一起創造屬於自己的明亮未來！

本書的閱讀方式

接下來介紹本書的閱讀方式。

本書將每一項技能分成四個部分進行解說。

- **「技能名稱」**
- **「技能定義」**（屬於什麼樣的技能）
- **「未來需要的理由」**（為什麼今後需要具備這項技能）
- **「培養方法」**（如何培養技能、培養時的注意事項）

每一項技能都是一個獨立的章節，因此不需要依序閱讀。可以從自己有興趣的技能開始閱讀，或是僅挑選自己缺乏的技能閱讀。

當然還是希望大家能夠把所有的技能都讀過一遍，並且以培養二十項技能當中的至少五項為目標。

只需要挑選自己想學習的技能即可，如果能夠具備當中的五項技能，相信今後無論科技如何進步，你的工作都不會被科技取代。

本書如果能夠幫助你做為一位商務人士，獲得不被科技擊敗的市場價值，那麼對我而言就是最大的成功。希望你享受閱讀過程，並感受「原來還有這招！」的樂趣。

科技未來學家　友村晋

第 1 章

AI 無法取代「資訊處理的技能」

技能① 一手資訊收集力

透過親身經歷取得資訊

●技能定義──**透過親身經歷或調查，收集一手資訊**

世界上大多數的資訊都是參考網路上其他文章，或是基於不可靠的傳聞所寫成的二手或三手資訊。

另一方面，所謂的一手資訊，指的是透過親身經歷或是可信賴的調查之後所取得的資訊。

我將這種取得一手資訊的技能稱做「一手資訊收集力」。

未來需要的理由——有能力傳遞一手資訊的人，市場價值將提升

・需要的理由❶：未來將充斥著由生成式ＡＩ創建的類似內容

OpenAI 開發的「ChatGPT」於二〇二二年十一月底公開，活躍使用者在短短兩個月就超過一億人，引發話題。這是被稱做「生成式ＡＩ」的科技，既可以生成與人類創作無異的流暢文章，還能自由自在地翻譯各種語言，更可以生成各種程式語言的原始碼。

這項全新的科技將如何改變未來？許多報導都宣稱「作家和程式設計師等專家的工作將被ＡＩ搶走」，但我認為，比起專業的工作將被取代，更應該把焦點放在，當門外漢或業餘人士擁有 ChatGPT 等生成式ＡＩ這項武器之後，很容易就能進入專業的領域。門外漢或業餘人士只需要一瞬間就可以生成看起來「有模有樣」的文章。

然而，不客氣地說，ＡＩ生成的文章不過是完成度較高的剪貼簿罷了，將世界上

已公開的訊息拼湊在一起。我認為，愈是如此，精心傳遞一手資訊的人愈有價值。

舉例而言。

在化妝品領域，每家廠商都以販賣試用品的方式展開激烈競爭，而網路上的主戰場則是意見領袖寫介紹文章和推薦試用商品的聯盟行銷平台。意見領袖競相撰寫化妝品文章，但其實這些文章只要使用ＡＩ就可以量產，一下子就會出現供給過剩的現象。

然而，愈是供給過剩，人們愈聚焦在可信賴的資訊上。即使是現在，自己索取試用包實際試用一個月，仔細地把試用的情況以照片記錄下來，並認真撰寫評論文章的人，依舊受到歡迎。

為什麼呢？

因為這是作者依據自己實際體驗的一手資訊所寫成的文章，有很高的可信度。

在生成式ＡＩ撰寫的文章供過於求的未來，人們將更傾向閱讀根據實際體驗（一手資訊）所寫成的真實且可靠的文章。這樣的文章即使文筆笨拙，但由於根據的是親身經驗，還是比ＡＩ大量自動生成的文章更有分量。

・需要的理由❷：生成式ＡＩ也進軍設計領域

生成式ＡＩ擅長的不僅限於寫文章，現在還有「Stable Diffusion」和「Midjourney」等生成圖像的ＡＩ。只需要以文字描述想要的圖像（例如「滿天星斗的夜間泳池」），ＡＩ就會生成猶如出自專業人士之手的藝術作品。

如此一來，只要使用生成式ＡＩ，新商品的包裝設計也變得輕而易舉。只需要傳達意象就會自動生成圖像，這將使得在不久的未來，擅長繪圖或精通ＣＧ操作不再是高附加價值技能。

在這樣的情況下，我想要特別注意的是製作圖像之前的「意象規畫」。

在進行新商品的包裝設計時，首先必須調查什麼樣的設計會增加目標客群的購買意願，並分析設計與銷售額之間的關連性，進而擬定設計的意象概念。

因此，有能力提出什麼樣的概念最有可能成為熱銷商品，並且擁有過去銷售實績（一手資訊）的人，其價值將大幅上升。

世界上充斥著AI生成的文章，只要以文字傳達意象，AI就會自動生成有模有樣的圖像，愈是這樣的年代，有能力傳遞一手資訊的人愈強大。

・需要的理由❸：即使花錢也想要取得一手資訊

以網路上的YouTube、社群媒體、部落格、網站等為中心，現在是各式資訊氾濫的年代。

然而，爆炸性成長的資訊大多數來自於分享其他人的資訊，也就是透過引用、沿用，甚至盜用（所謂抄襲）同一個原始資料而不斷增加的二手、三手資訊。

令人混淆的是，許多人將沿用自他人一手資訊的二手、三手資訊當作是自己的一手資訊。

因此，傳遞資訊時，如果傳遞的不是自己的一手資訊，就必須明確表示這是經過求證的二手資訊，否則將難以獲得信賴。

反之，誰有能力傳遞一手資訊或是能夠明確告知這是一手資訊經過求證後的資訊，誰就能在這個資訊氾濫的社會中生存。

我相信我在自己的本業中展現了這項能力。

我的本業是企業顧問，我之所以能夠持續受到委託，正是因為我時常傳遞一手資訊。

例如：當物流業者前來諮詢時，我會為了傳遞有關最新話題「無人便利商店」的真實情形而專程前往美國西雅圖，實際在 Amazon Go（無人便利商店之一）的店鋪進行購物體驗（整個過程公開在我的 YouTube 頻道，有興趣的讀者可以觀看）。*

---

*編注：在原書中，作者提供了實際到Amazon Go店鋪進行購物體驗的影片連結資訊（https://www.youtube.com/watch?v=k09yoGRbu2E），該日文影片於二〇二二年一月六日上傳，有興趣的讀者可以上網觀看。

網路上可以找到無數解說 Amazon Go 系統的文章，但都是屬於二手、三手資訊。因此，像我這樣根據實際體驗傳遞一手資訊的人非常受到信賴。

即使同樣是在解說無人便利商店的方便性，但我基於親身五感體驗做出的解說，大幅提升可信度和說服力。

當我在 YouTube 頻道或座談會分享這段經歷的時候，所有人都聽得津津有味。雖然二手、三手資訊隨處可得，但必定會有人覺得，「即使要付錢，我也想知道友村先生（筆者）親身經歷的第一手寶貴資訊」。

因此，便利商店業界今後會如何發展？無人便利商店是否會在日本普及？如果想要預測今後的發展，自然就會想到「要找實際體驗過未來便利商店的友村先生商量」。

今後，二手以下的資訊愈是氾濫，擁有一手資訊的人身價愈高。

・需要的理由❹：能夠充滿自信地提供具有臨場感的資訊

為了讓自己傳遞的資訊更具有說服力，有必要參照可信賴的權威資訊，但網路上幾乎找不到真正具有說服力的資訊。

我同時也提供如何透過 YouTube 招攬顧客的諮詢服務。和我提供相同服務的公司多不勝數，實際搜尋「YouTube 顧客招攬顧問」，可以找到許多相關的公司。

我雖然沒有一一研究這些公司，但在這些公司提供的諮詢內容中經常可以看到「如何找出關鍵字」、「市場規模預測」、「成功吸引顧客的影片最佳長度」，以及「影片編輯方式」等。

以上這些充其量不過是彙整已經公開在其他地方的技巧，沒有什麼說服力。

我之所以會說這些內容不具說服力，是因為這些公司的顧問不曾親自製作、上傳或經營YouTube。

據說這些公司的顧問費每個月大約三至五萬日元，由於他們的服務屬於「代替客戶在網路上找資料」，所以費用比較便宜。

我的顧問費大約是上述費用的十倍以上，即使如此，依舊持續受到客戶的青睞。

正因為我自己就是擁有超過十四萬以上頻道訂閱人數的現役 YouTuber，才能收取這個價碼的顧問費。

也就是說，我擁有增加頻道訂閱人數的實際經驗（一手資訊），自然更貼近現實。

- **在頻道訂閱人數增加到一千人之前需要什麼樣的內容。**
- **訂閱人數超過一萬人之後應該如何改變內容。**
- **剪輯影片的時候，不必要的「嗯」、「啊」等語氣詞應該在零點幾秒內剪掉，否則可能會流失觀眾。**
- **影片一開始要說些什麼才能讓觀眾看到最後。**

以上是我在提供諮詢的時候會說的內容。我每天都在自己的頻道上嘗試並修正，因此有深刻的體會。正因為如此，我才能夠自信地提供更具臨場感的建議。

這也是擁有一手資訊才能辦到的談話技巧。

・需要的理由❺：公司更容易採納自己提出的意見

到目前為止，我已經提到了擁有一手資訊可以提升資訊傳遞者的臨場感。

一手資訊的效果不僅限於此。除了可以提升資訊傳遞者的權威，傳遞的資訊也更具有「說服力」。

下面舉一個我實踐過的例子。

說到印度恆河，很多人都會想到人們在漂浮的動物屍體旁沐浴的景象。

許多資訊傳遞者（網路作家）參考網路上的照片和文章，寫出「恆河的水稱不上衛生」的文章。

這些人參考的是其他人寫的文章，所以無法提供「實際狀況」等更深入的內容，讀者看完也只會覺得「原來如此，恆河的水有細菌，很髒」。

而我實際前往印度，直接詢問了在恆河沐浴的印度人。我問他們：「如果我這個日本人在恆河游泳會如何？」他們回答：「我們每天都在這裡沐浴，對於恆河的細菌有抵抗力。但因為很危險，我們不會在這裡游泳，更不用說對恆河的細菌沒有抵抗力的日本人，絕對不可以在這裡游泳。」

當時的我年輕氣盛，不顧當地人的建議，還是跑去恆河游泳。結果全身起了溼疹，非常不舒服。回國後還因此去了好幾趟醫院。

由於擁有一手資訊，所以我能夠更生動地說出恆河有多麼地骯髒，也更具有說服力。

聽我分享經歷的人，彷彿自己的身體也出現異樣一般地身歷其境，雖然可能會覺得有些不舒服。

這就是一手資訊的「說服力」。這在工作上非常有幫助。

再舉一個例子。我最喜歡的喜劇團體「東京０３」有一個名為「同意見」的搞笑段子。

在某個企業的銷售部門，一位基層員工提出促銷的點子，但主任立刻激動地否決，說「這太膚淺了」。

然而，中途出席的部長（主任的上司）說出一模一樣的點子，主任的態度卻一百八十度大轉變，從剛剛的徹底否定變成盛讚，稱：「真是一個好點子。」

覺得不合理的基層員工向主任訴說他的不滿，主任卻說：「即使是同一個點子，出自普通員工的隨口一說與出自有經驗和成績的人，兩者的分量大不相同！」主任的話太過正確，讓基層員工啞口無言。

這是搞笑段子，劇情比較誇張，但現實社會當中也有類似的情節，相信各位也有所體會。

在東京03的官方YouTube頻道可以找到這個段子，請大家一定要去看看。＊

＊編注：在原書中，作者提及東京03搞笑段子的連結資訊（https://www.youtube.com/watch?v=k09yoGRbu2E），該日文影片於二〇一九年六月三十日上傳，有興趣的讀者可以上網觀看。

從這個段子也可以看出掌握一手資訊的商務人士有多大的影響力。

多數人的工作都需要團隊合作。無論團隊成員是公司內部或外部人員，僅靠一己之力就能完成的工作很少。

或許會有程度上的差異，但幾乎所有工作都必須與他人互動，工作時需要相互傳遞想法和資訊，並取得共識。

這時若能掌握具說服力的一手資訊，將有助於你貫徹自己的意見。

培養方法——首先，試著質疑獲取的資訊

・方法❶：懷疑資訊

培養「一手資訊收集力」的第一步就是試著懷疑網路新聞和社群媒體上的資訊。

不要因為「這是知名新聞網站發布的資訊」、「這是可信賴的網紅提供的資訊」就盲目相信，先從試著懷疑這些資訊開始，提升你的一手資訊收集力。

如此一來，自然就可以建立起①懷疑→②尋找追求真相的一手資訊（或是親自體驗）的流程。

這樣的做法會讓你在無意識的情況下鍛鍊分辨資訊的能力，幫助你判斷眼前這則新聞究竟是真是假，如此就不會隨假新聞起舞。

說到假新聞，二〇一六年熊本發生地震，當時社群媒體流傳著獅子從動物園跑出來的消息，引起軒然大波。很多人看到獅子在街上遊走的照片都嚇壞了。

然而，當時我一看到這則新聞便立刻察覺：「啊，這一定是假新聞。」或許當時很多人被獅子的照片嚇壞了，但我在社群媒體流出這則新聞沒多久後，就立刻確信這是騙人的。

理由非常簡單。宣稱獅子在街上遊走，但卻除了第一張照片，再也沒有第二張或更多照片。

現在幾乎所有人都持有智慧型手機，人們大可從家裡、車上、店裡拍照。然而，自最初第一張照片上傳之後，卻沒有其他相關貼文拍到獅子的照片或影片。

不覺得這太不自然了嗎？

這是因為街上根本沒有獅子。換句話說，第一張照片，也是唯一的照片，想必是合成照。

然而，當時這則貼文被轉貼超過一萬次以上，據說熊本市動物園接到超過一百通電話。

順帶一提，在這起事件中，一位住在神奈川縣的男性上班族遭到熊本縣警方逮捕。這也是全國第一起因為在發生災害時上傳假新聞妨害公務而遭逮捕的案例。

在辨別照片真偽時，幾乎所有人注意的都是照片本身的完成度，例如裁切是否粗糙、陰影的方向是否矛盾等。

然而，即使不檢查照片，僅憑沒有第二張照片流出這一點就足以判斷真偽。

在俄羅斯剛入侵烏克蘭時，網路流傳烏克蘭總統澤倫斯基呼籲士兵放下武器投降的影片。然而，我同樣立刻識破這是假新聞。

因為無論是澤倫斯基的推特或烏克蘭的官方網站，都完全沒有提到投降這件事。如果做出了呼籲士兵投降如此重大的決策，澤倫斯基本人或政府一定會發表聲明。

換句話說，不需要分析照片或影片的加工程度，只要試想，既然要流出這樣的資訊，那麼各方應該會採取什麼行動，便能立刻察覺這是假訊息。

・方法❷：親自體驗

那麼，要如何培養一手資訊收集力呢？最有效的方式就是「親自體驗」。

換句話說，

一手資訊收集力＝運用五感親自體驗的能力

也就是說，不要只依靠網路，更要運用自己的五感（觸覺、味覺、嗅覺、聽覺、視覺）來實際體驗。

或許有人會說：「話雖如此，但不可能什麼都親自體驗。」的確如此。前往包括國外在內的遠方親身體驗，無論是從金錢、時間、健康方面來看，都不是一件容易的事。

若無法親自體驗，那麼就要養成習慣，隨時確認可信賴的資訊來源。

例如：撰寫一篇有關犯罪的報導，可以參考警察廳公布的統計資料，若是與經濟動向相關的報導，則可以參考經濟產業省公布的統計資料，透過這樣的方式求證確認。

可信賴的權威機構公布的資料、各專門機構（國立研究所、學會、民間研究單位、調查機關、新聞機構等）公布的報告，以及企業新聞稿等，可做為代替親自體驗的一手資訊來源。

然而，只因為「這是公家機關公布的資訊」、「這是政府公布的資訊」就盲目相信，是一件非常危險的事。若要參考數據，必須盡可能分辨資訊來源是否值得信賴。

・培養技能時的注意事項

在構思的階段，參考個人部落格或社群網站上的二手、三手資訊也無妨，但若要以此為基礎傳遞訊息時，務必要表明已經透過上述可信賴的權威機構求證資料來源，否則無法獲得信賴。

書籍也是有效的資訊來源。然而並非所有書籍都值得參考，必須是由可信賴的權威人士所撰寫的書籍。

不知道一手資訊有多麼重要的人，很容易隨著最初看到的資訊起舞。為了避免陷入停止思考的狀態，必須養成隨時獲取一手資訊的習慣。

在閱讀網路上的文章時，必須分辨究竟是出自確實進行採訪的記者之手，或是專家的解說。若是網路作家所寫的文章，那麼必須確認該作家是否有參考或引用一手資訊。

技能②問題發現力

不是「解決力」，
而是「發現力」。

技能定義——時代從「問題解決力」走向「問題發現力」

迄今為止，無論是學生或商務人士都將「問題解決力」當作是重要的技能。大家都說必須培養解決力。

「問題解決力」聽起來很響亮，想必是容易受到矚目的原因，也因此管理階層和優秀的行銷人員經常把這項技能掛在嘴邊。

然而，做為未來的技能，重要的是「問題發現力」。不是「解決力」，而是「發現力」。換句話說，就是具備提出「為什麼」的質疑能力。

●未來需要的理由——問題發現力可以創造出新商機

・需要的理由❶：科技負責解決問題，人類負責發現問題

迄今為止，只要發現某個問題，總是大家一起齊心協力解決問題。然而，今後大部分問題都會透過AI或科技來解決。

例如ChatGPT等生成式AI，只要使用人類的語言提問，AI便會以人類的語言提供多種解決方案的選項，而且瞬間就可以完成。

再舉一個例子。在商業領域有所謂的RPA技術。RPA是「Robotic Process

Automation」（機器人流程自動化）的簡稱，這項技術是機器人學習並自動處理過去需要人類使用電腦處理的作業流程。

例如過去使用 Excel 手動記錄員工的出勤狀況，統計之後再計算薪水，又或者以人工統計業務部門的銷售成績並做成報告，現在這些都可以自動化完成。

舉一個實際的例子，第一生命保險公司在辦公室某個角落放置數台電腦，而人們無法碰觸這些電腦。看著這排電腦的螢幕畫面，會發現電腦正在自動執行 Excel 等程式，以完成相關事務的處理。

過去需要人工處理的業務，現在由電腦軟體學習並自動處理。該公司宣稱，透過導入RPA，每年能成功將一五．七萬小時的電腦工作自動化。＊

自動化不僅限於例行性工作。只要使用微軟提供的「Copilot」功能，就連創意工作也能夠自動化，可以製作出漂亮的 PowerPoint 簡報。

例如只要下達「請將這篇文章轉換成五張 PowerPoint 投影片，設計要適合公司內部簡報使用，文字少、字體大，多使用圖像」的指令，瞬間就可以完成 PowerPoint

簡報。這只是「Copilot」功能的其中一個例子。

過去白領工作的自動化進展緩慢，但現在已經逐步自動化。

由此可見，科技已經能夠幫助我們解決問題，我認為留給人類的工作將會以發現問題（社會的問題）為主。

會這麼說是因為，AI等科技不會思考「為什麼」。AI等科技可以在我們交付問題的瞬間立刻解決，但無法自主發現問題。科技不會思考「這對人類來說很麻煩！好想對社會發展做出貢獻！」等。

例如：美國大型零售企業沃爾瑪（Wal-Mart）為了減少滯銷商品的廢棄物處理量，導入了動態調價系統。這項技術是AI根據當天的天氣、存貨量、過去的銷售成績等，計算出各商品的最適當價格，自動變更顯示在商品貨架上的銷售價格。

＊參照日經 XTECH，〈第一生命透過RPA每年可將十五萬小時的工作自動化，祕訣就是「制定優先順序」〉（https://xtech.nikkei.com/atcl/nxt/column/18/01061/02180013/）。

過去是由經驗豐富的現場員工憑藉直覺，以人工的方式調整販賣價格。

然而，ＡＩ本身不會思考「這個工作我比人類更擅長，讓我來代替人類執行吧」，而是要由人類思考「使用ＡＩ進行自動化可能可以減少廢棄量」，在發現問題之後才會導入ＡＩ。

也就是說，人類負責發現問題（想要進一步減少廢棄物），科技負責解決問題（即時自動變更銷售價格）。

真是精采的團隊合作！

此外，多個日本足球甲級聯賽的隊伍都導入ＡＩ系統，由ＡＩ訂定最適當的門票價格，進而減少剩票。＊

這也是因為人類發現了問題而出現的系統。

再次強調，ＡＩ不會主動思考「我想要讓足球場坐滿客人！」充其量不過是為有如此想法的人類提供幫助罷了。

除此之外，只要人類能夠發現問題，例如能否設法改善交通堵塞的情況等，那麼剩下的問題交給ＡＩ解決就行。

利用感應器偵測道路的交通流量，再透過ＡＩ即時調整切換交通燈號的最佳時機來解決交通堵塞問題，盡可能創造出不容易堵塞的局面。

換句話說，解決問題的工作交給科技，人類只需要專心發現問題。也就是與科技分工合作。

目前計算交通堵塞的量子電腦依舊昂貴，今後如果價格下降且更加普及，則科技解決問題的能力將進一步提升，人類更能夠把精力放在發現問題上。

・需要的理由❷：有能力開啟新商機的人不愁吃穿

企業反覆透過問題的發現→解決→發現→解決的循環獲取相對應的報酬，藉此維

＊參照《日刊體育》，〈札幌實驗性導入ＡＩ票價浮動系統〉（https://www.nikkansports.com/soccer/news/202010160000870.html）。

持經濟活動的運作。

如上所述，在科技的幫助下，解決問題已經變得相對輕鬆。也就是說，人們愈來愈常聽到：「你不必再費心勞力去解決這個問題了。」比較敏銳的人可能已經發現，所謂的「問題發現力」，就是構想新商機的能力。

身為企業顧問，這次疫情帶給我最深刻的體悟是，幾乎所有客戶的既有商業模式都受到打擊。

有些企業的營業額只受到輕微的影響，但也有些企業的營業額減少了九成。無論如何，既有的商業模式幾乎都受到了打擊。

大家都知道必須找出新的活路，卻想不出任何點子。許多商務人士擅長從1做到10，甚至100，卻無法從0做到1。

也就是說，企業嚴重缺乏「問題發現力」。反過來說，企業今後迫切需要擁有問題發現力的人才。

問題發現力不僅是構想新商機，也包括創造商品和服務的能力。

家電製造商 Dyson 研發的「無扇葉風扇」就是一項因為發現了問題而誕生的熱銷商品。電風扇是一百多年前的發明，自從最初的發明以來，所有的產品都帶有扇葉。然而，電風扇從誕生之初就存在一些潛在的問題，例如孩童把手指伸進去會很危險，以及扇葉很容易沾染灰塵等。

然而，過去沒有任何人發現這是必須解決的問題。

也就是說，人們的思考僅止於維持現狀，認為「電風扇就是需要扇葉，自己小心不要把手伸進去就好」，或是「扇葉髒了清潔一下就好」。

全世界應該有相當多人參與了電風扇的研發工作，卻沒有一個人察覺這件事。

然而，Dyson 的研發人員發現了這個問題，沒有扇葉的電風扇也才因此誕生。

在這個所有市場都被認為處於飽和狀態的時代，擁有問題發現力的人才非常難能可貴，因為他們是可以為企業創造突破口的人才。

培養方法——「覺得麻煩」就是個機會

培養「問題發現力」的方法有三種。

・方法❶：思考不會再發生問題的機制

首先，商場上難免會出現問題。當然，如果出現問題就要解決問題。解決問題是必要的行為，許多商務人士隨著經驗的累積，自然而然地具備解決問題的能力。

然而，多數的商務人士止步於培養問題解決力。解決問題之後，應該更進一步思考如何避免再次發生問題。

這就是培養問題發現力的第一種方法。透過思考究竟為什麼會發生問題，不僅可以看清眼前的現象，更可以俯瞰整個工作。

舉例來說，假設公司接到客戶投訴你的下屬，抱怨該名員工「服務態度不佳」，而你身為上司，陪著下屬去向顧客賠罪，平息了這場風波。這時，如果你僅止於提醒下屬今後要注意服務態度，那只是治標不治本。

「為什麼會發生這件事？」追根究柢找出根本原因，才是上司的工作。同時也必須思考，如何避免同樣的事情再度發生。假設想到的原因和對策如下。

原因：該員工平時的服務態度良好，那天剛好心情不佳。

對策：同理下屬的心情，並熱心地分享自己也曾犯過同樣的錯誤，別人對自己的評價因此下降，最終吃虧的還是自己。

原因：該員工平時的服務態度就不甚良好。

對策：請對方參加專業研修課程（然而，單方面強制參加研修很多時候沒有效果，首先要讓對方理解服務態度的重要性和顧客的重要性）。

原因：原本就知道該員工不適合服務顧客。

對策：今後請他擔任服務顧客以外的工作。

原因：工作超出負荷。

對策：減少工作量，讓該員工在工作上更有餘裕。

這樣的訓練不僅限於商務場合，平時在個人生活中也可以進行。當夫婦之間或家庭內發生問題，不僅要解決問題，更要思考怎麼做才不會重蹈覆轍。

・方法❷：把自己當作是經營者來思考

去電影院的時候就把自己當作是電影院的經營者，去旅行的時候就把自己當作是飯店的經營者，去吃飯的時候就把自己當作是餐廳的經營者，從經營者的角度思考如何才能讓顧客滿意？如何才能讓店鋪更加興旺，進而提升業績？

身為顧問的職業病，讓我養成了即使是私人時間光顧店家，也會不自覺地思考如何才能提升店家營業額的習慣。

例如入住溫泉旅館時，除了感受「溫泉真舒服」，如果覺得住客似乎不多，就會開始思考：「為什麼住客這麼少？」、「怎麼做才可以讓客房預約額滿？」

去餐廳用餐的時候也一樣，我總是忍不住思考：「提供的餐點如此美味，為什麼卻坐不滿？」、「怎麼做才可以讓這間餐廳大排長龍？」

此外，因為工作的關係，我經常一大早就去某家咖啡廳，會在這個時間光顧的客人幾乎都是熟面孔。他們都跟我一樣，一大早去咖啡廳已經成為例行公事。儘管如此，這家咖啡廳還是有很多空位。

於是我在想。既然一大早前往咖啡廳的人幾乎都是熟客，那麼假設提供定額收費服務，每個月只需要支付五千至六千日圓，就可以每天從開店到早上十點為止，享受咖啡無限暢飲的服務，如此想必會座無虛席。

・方法❸：不要錯過「覺得麻煩」的瞬間

當進行某項工作或流程時，如果「覺得麻煩」，就要去思考是否可以改善整個流程，甚至質疑整個流程是否有其必要。

如此一來，或許就會發現，這項工作或流程應該可以更有效率。說不定會發現，某個流於形式化的工作或流程其實已經失去了當初設計的意義，只是因為習慣而被保留下來。

或許是因為「覺得麻煩」原本屬於負面的情緒，上司或前輩才會告誡：「不要嫌麻煩，確實做好。不要小看工作！所有人都是這樣過來的。」然而，「麻煩」的事情很可能隱藏著發現問題的機會。

因此，不要將「覺得麻煩」當作是負面情緒而加以否定，而是將其轉換成「或許隱藏著問題」的正面情緒。

如果能夠養成上述三種習慣，就能提升問題發現力。

・培養時的注意事項

我剛才提到，在鍛鍊問題發現力時，養成思考「為什麼」的習慣是一件重要的事，但也有需要特別注意的事。

也就是，要分成兩階段思考「為什麼」，以及在產生疑問之後不要立刻求助谷歌大神（Google搜尋），而是自行提出假設。

如果能夠做到TOYOTA（豐田汽車）倡導的「反覆詢問五次為什麼」，那是一件非常了不起的事，但我們先從反覆詢問兩次開始做起。

舉例說明。

印尼政府公布要將首都從爪哇島的雅加達遷到婆羅州的努山塔拉。遷都的理由據說是因為地層下陷和資源過於集中的地理因素。雅加達的都市面積有大約六〇%在海拔零公尺以下，甚至有專家認為，再這麼下去，雅加達將於二〇五〇年沉沒。

日本媒體也有相關報導，因此我們可以知道「為什麼」遷都（第一次的為什麼）。

許多人透過新聞同時知道了「印尼遷都，以及遷都的原因」，因為多獲得了一項知識而感到滿足。

然而如果就此止步，則無法培養問題發現力。

也就是說，必須思考第二次的「為什麼」。接下來要以自己的腦袋思考。

雖然可以理解地層下陷是遷都的理由，那麼「資源過於集中」又會造成什麼問題呢？

例如可以想到：

- **交通堵塞嚴重。**
- **印尼曾經遭受伊斯蘭基本教義派的爆炸恐怖攻擊，或許是政府想要將主要設施分散在各個島嶼，藉此分散風險。**

就像這樣，養成思考兩次「為什麼」的習慣，如此有助於看清事情的本質。思考之後，再透過新聞網站這類專家發表意見的地方，檢驗自己的想法。

重點在於，不要立刻上 Google 找答案，而是反覆思考兩次「為什麼」。

技能③ 拒絕推薦力

有時也必須以「我不需要」為理由拒絕

●技能定義——對「AI推薦」不照單全收

只要使用電腦或智慧型手機，經常會看到來自各種應用程式或企業網站的商品或服務推薦資訊。這些是系統根據你的購買紀錄、瀏覽紀錄、屬性（年齡、性別、居住地區）等，進行自動分析後，顯示「現在向這個人推薦這項商品或服務的成交機率很大」的商品或服務。

最具代表性的就是Amazon（亞馬遜）的「經常一起購買的商品」，以及Netflix（網飛）的「給您的最佳推薦」功能。

這樣的功能稱做「推薦功能」。對於推薦功能推薦的商品或服務並非照單全收，而是能夠冷靜思考「我不需要」而拒絕，這就是「拒絕推薦力」。

●未來需要的理由——就連與生存相關的本能都會退化

・需要的理由❶：到處都是推薦，金錢、時間、精神都被剝奪

舊型廣告（報紙、電視、傳單、網頁橫幅廣告等）帶來的效果逐漸下降，可以預測在二〇三〇年的未來，世界上會充斥著各式各樣的推薦。

不僅是電腦或智慧型手機，車站、商店、街角等都可以看到名為數位看板的廣告

裝置，預計到二〇三〇年，這些設備將透過攝影機分析接近的人的屬性（推測年齡、性別、服裝、體格等），進而顯示最適合的廣告。

對於企業而言，為了持續確保銷售額，如何留住顧客並引導顧客轉為訂閱制的合約，將會是非常重要的關鍵。

為此，充分利用推薦功能刺激顧客掏錢購買，這樣的做法將會愈演愈烈。

你或許已經非常習慣推薦功能，但推薦功能不僅限於電商網站的商品，新聞網站、YouTube 影片、Amazon Prime Video、Netflix 等，都會根據你的喜好推薦個人化內容。

此外，即使是實體店鋪，有些服飾店或眼鏡行開始提供虛擬試穿服務，推薦符合你喜好的衣服或符合你臉形和髮型的眼鏡。

另一方面，現在還出現一款應用程式，只要以智慧型手機拍下冰箱內部，即可自動辨識裡面的食材，並推薦可以運用這些食材的食譜。

不再需要煩惱任何事，猶豫不決的時候，只要跟著推薦，一切都變得輕鬆。

不久之前，只有大企業才有能力研發並應用推薦功能，但現在只需要每個月花費五萬日圓，就可以租用推薦引擎，這筆費用在數年後可能會降至每個月一萬日圓，甚至數千日圓。

今後，無論企業規模大小，都將進行推薦。

換句話說，今後企業爭奪的不僅是消費者有限的可支配所得，甚至包括消費者的可支配時間和可支配精神。

透過推薦，消費者可以節省尋找商品、服務、內容的時間，同時也省下選擇時猶豫不決的時間和思考的麻煩。

然而這麼一來，自己尋找、選擇的能力將被剝奪，還會進一步遭受三大損失（金錢、時間、精神的耗損）。

・需要的理由❷：視野狹隘、想法偏頗

有一個名為「回聲室效應」（echo chamber）的現象。「echo」是回聲，「chamber」是小房間。這個現象是指，擁有相似想法、知識、感受的人們聚集在社群媒體上相互交流，很容易產生自己的想法和知識是世界主流的錯覺。像是會說：「網路上大家都這麼說呢。」你是否也有過類似的經驗呢？

如此一來，人的視野會變得狹隘，想法容易產生偏見。

教育學者齋藤孝曾經說過：「教養就是能夠與自己專業領域以外的人愉快交談。」

提升自己的專業能力當然是一件非常重要的事，但工作和社會都是由各式各樣的人所構成，因此「對於自己專業以外的事情一無所知」不是一件好事。

你的智慧型手機推薦給你的盡是ＡＩ透過學習你的喜好所得到的資訊。如果只接觸這些資訊，很可能在不知不覺中陷入回聲室效應。

・需要的理由❸：思考能力退化

與科技共存是非常重要的主題。享受科技的好處也需要技巧。然而，關於推薦功能，我們有必要劃清界線，自己決定「到此為止，接下來的我不需要」。

如果不這麼做，則自己調查、搜尋或選擇時所需要的思考能力將會退化。就如同不運動會導致肌肉流失、使用導航就記不住地圖。

當然，沒有必要完全拒絕推薦功能，而是要學會善用。

以我為例，在亞馬遜買書的時候，系統會顯示「經常一起購入的商品」、「與此商品相關的商品」、「推薦書籍」，對我而言非常有幫助。

這確實顯示了我現在需要、但在書店可能沒有注意到的書籍。

因此，這樣的推薦尚在我可容許的範圍之內，希望可以善加利用。

然而，當我在眼鏡行虛擬試戴眼鏡的時候，如果系統出現「這副眼鏡對你的適合度達八〇%」，這樣的推薦功能就有些多餘了。

至少眼鏡可以根據自己的品味和喜好選擇，不需要勞煩科技來判斷是否適合我。如果接受這一類的推薦，那麼人的感受性和判斷力將會退化，愈想愈覺得可怕。

如果不設下底線，所有的事情都依賴推薦，那麼思考的能力將會下降。

雖然ＡＩ可以根據冰箱內部的照片推薦「這些食材可以做出幾人份的某某料理」，但如果過分依賴，則自己思考菜色的能力只會愈來愈差。

此外，亞馬遜的 Alexa 取得專利，如果詢問：「今天天氣如何？」則 Alexa 會根據你的聲音回答：「你好像喉嚨不舒服，要不要購買喉糖？」以這樣的方式進行推薦。

如果打開這項功能，我們甚至會連自己身體狀態的好壞都依賴ＡＩ判斷。這是一件非常可怕的事。原本是根據自己的感覺掌握身體狀態的生存本能，恐怕會因此逐漸劣化。

然而，這樣的科技也需要有技巧的運用。例如用在對冷熱比較不敏感的高齡者身上，預防他們中暑。針對會忘記補充水分的高齡者，就可以依賴提醒的功能，適時給予「該補充水分囉！」、「房間的溫度太高，請使用冷氣」等建議。

你必須自行決定現在的自己最適合什麼程度的推薦。

・需要的理由❹：韌性下降

隨著推薦精準度的提升，人們的失敗經驗急速下降。如果購物時不會失誤，那麼也不會有「啊，不該買這個」的懊悔經驗。

既然不會失敗，當然反省後重新振作的機會也會減少。

如此一來將導致人們喪失鍛鍊韌性的機會。本書將在第十項技能詳細解說「韌性」，但簡單來說就是「從失敗中重新站起來的能力」。

一個人的韌性如果下降，當在商業上或其他方面遭遇失敗時，可能會意志消沉，甚至從此一蹶不振。

同時，「想盡辦法也要度過難關」、「一定要設法解決問題」等堅持不放棄的意志也會減弱。

最可怕的就是喪失生存意志。所謂的「生存」，就是「存活下來」。就像是生存遊戲中的生存。

大腦在生存意志被激發時最活躍，因為這與人類的生存本能直接相關。但如果缺乏韌性則無法從失敗中重新站起來，可能會進入放棄模式，甚至連生存的意願都難以湧現。

說到生存，跟大家分享一個我的例子。

我以前曾經以自行車載著帳篷和睡袋，從東京騎到我位在廣島縣吳市的老家。我先強調，這可不是什麼懲罰遊戲，只是很想嘗試看看。

記憶已經有些模糊，但我記得大約耗費了十四天十三夜。而且我選擇的不是最短的距離，中途從名古屋經過岐阜縣的白川鄉，甚至還騎到石川縣的兼六園，最後經由京都的舞鶴騎到兵庫縣的姬路，然後再度往西邊騎向廣島。

而且，不僅是騎自行車，我也把花費最少費用完成計畫做為目標。

路程中，騎到岐阜山上的時候，已經是三更半夜，四周沒有半個人，輪胎卻爆胎了。放眼望去，找不到任何一間民宅。

——大事不妙！

事實上，之前我已經有過多次的爆胎經驗，但每次都是跟附近居民借水桶和自來水，把輪胎泡進裝滿水的桶子裡，找出冒泡破洞的地方之後再自己修補。我隨身攜帶修理工具組。

但這次是在找不到民宅的深山裡，而且是大半夜。糟糕了。

人只要陷入危機，大腦就會全面運作。為了找出破洞的位置，首先必須有一個裝水的容器。

——杳無人煙的深山，是非法棄置垃圾的好地方。

想到這點，我立刻開始四處尋找，果然發現了一個垃圾場，但卻沒有看到容器。

——有寶特瓶！這派得上用場。

我撿了一個兩公升容量的寶特瓶，以隨身攜帶的刀子縱向切開。這樣就做出了容器。現在回想起來有些後怕，但當時的我全神貫注，徘徊尋找溪流。

很幸運地找到了溪流，也沒有遭遇山難。我以寶特瓶裝水回到自行車旁，靠著手電筒的燈光找到輪胎冒氣泡的破裂處，好不容易修補完成。

只要感受到危機，人的大腦就會開始全面運作。

上述經驗與推薦功能帶來的便利生活完全相反，從頭到尾都必須自己動腦並反覆嘗試。

沒有科技在旁推薦的極度不便，會更增強我們的韌性。

● 培養方法——數位排毒與紙本媒體

培養「拒絕推薦力」的方法有兩種。

・方法❶：設定數位排毒日

Snow Peak 是知名的戶外用品品牌。該品牌希望傳遞的其中一項訊息就是「透過自然的力量，找回因文明而失去的人性」。

身為未來學家，我認為這樣的理念愈來愈能引起數位化社會人們的共鳴。

換句話說，疫情期間為了防止「三密」（譯注：密閉、密集、密接）而興起的露營熱潮並不是一時的現象，預計今後也將持續下去。

建議不妨定期前往收不到手機訊號的大自然進行數位排毒，確實運用自己的五感度過美好時光，充分享受不便，找回做為一個「人」的能力（這裡所說的「人的能力」是指不依靠數位機器、只憑藉自身的五感磨練感性的能力）。

如果無法定期前往大自然，或許可以試著找一天不帶手機出門。不是轉靜音或切換到飛航模式，而是把手機放在家裡然後外出。

國外有以數位排毒為概念的有趣飯店。旅客必須將電腦、手機等數位設備寄放在櫃檯才能入住。

・方法❷：利用報紙、雜誌、書籍等「紙本媒體」

另一個培養的方式就是刻意利用「紙本媒體」。

推薦功能的可怕之處在於，它會在不知不覺中慢慢侵蝕我們的大腦。當我們察覺時，或者說，甚至在我們不自覺的情況下，思考能力已經減弱，視野也變得狹隘。

商品和服務的推薦，或許到了某個程度，我們會赫然發現「怎麼最近好像都在買被推薦的東西」。畢竟購買商品或服務都會增加開支，有可能因此意識到「好像買太多了」。

但真正可怕的是新聞網站和社群媒體上的資訊。

之前我已經以「回聲室效應」說明了這些資訊的可怕之處，很可能讓人陷入誤以為偏頗的意見或錯誤的資訊就是主流意見或事實的狀態。

另外，搜尋引擎的演算法提供過濾功能，可以過濾掉不想看見的資訊。如此一來，人們只能看到他們想要的資訊。這樣的狀態就好像被泡泡包覆一般，因此被稱做「過濾泡泡」（filter bubble）。

保護大腦不受回聲室效應或過濾泡泡的危害，需要培養拒絕推薦力，很重要的是必須接觸沒有回聲室效應或過濾泡泡的媒體。具體而言就是閱讀報紙、雜誌、書籍等。

如果是新聞網站或社群媒體，即使顯示的都是偏頗的資訊也不容易察覺。然而，報紙、雜誌、書籍不會為讀者進行推薦，當中當然包含自己不感興趣或是與自己想法相反的資訊，等於是半強制性地讓你看到這些內容。

如此，較容易避免受到回聲室效應或過濾泡泡的不良影響。

・培養時的注意事項

話雖如此，想必還是很難捨棄從網路獲取、搜尋最新資訊的便利性。

因此我建議可以使用私密瀏覽的方式。大家不妨研究各個瀏覽器和手機的設定，無論是電腦的瀏覽器或手機的瀏覽器，都可以設定私密瀏覽模式。

私密瀏覽是在使用瀏覽器時不會留下瀏覽紀錄的模式。換句話說，瀏覽器不會反映使用者的傾向，始終處於全新空白的狀態。

如此一來，無論以手機搜尋什麼內容，都不會出現考慮使用者傾向的偏頗結果。

也就是說，可以在沒有受到自己偏見影響的空白狀態下進行搜尋或瀏覽。

技能④
科技運用力

接受科技
充分運用

●技能定義——善加運用科技的能力

這看似與上述的「拒絕推薦力」相互矛盾，但事實上並非如此。「科技運用力」指的是不厭惡科技，能接受並靈活運用科技的技能。

厭惡科技指的是，例如因為擔心ＡＩ奪走自己的工作而產生敵對心態，或是無法放下情感上的執著，認為唯有透過人們踏實努力，工作才有價值。

科技是補強我們工作的夥伴和助手，也可說是祕書和下屬。讓科技成為自己的助力，認同彼此共存的關係，靈活運用進而提高生產力，這就是科技運用力。

這不是要你成為寫程式高手的艱深技能，還請放心。

●未來需要的理由——文明朝著便利的方向發展

・需要的理由❶：科技能做到的事就交給科技

相信很多人已經實際感受到，那些工作能力強的商務人士、步步高升的商務人士，他們正積極運用科技提升業務效率，增加生產力。

這些升職之後變得更加忙碌的人，是否正為了進一步提升工作效率而學習科技呢？

我認為正好相反。

運用科技提升業務效率，增加生產
←
有多餘的時間
←
利用多餘的時間從事只有自己才做得到、具有高附加價值的工作
←
結果，步步高升

我認為這個順序是未來升遷的基本公式。

這樣的人在被分派到工作的時候，首先會思考有沒有利用科技提升效率的方法。例如：如果是可以標準化的作業，會思考是否可以利用ＲＰＡ；如果是製作簡報資料，則會考慮使用如 ChatGPT 的生成式ＡＩ創建草稿等，並找出哪些工作是非自己處理不可的。

如果想要提升自己的收入和地位，必然要將科技做得到的事情交給科技。將節省下來的時間集中在只有自己能處理的工作上，才能在工作上做出獨一無二的成果。

引起第四次工業革命的契機必然是以ＡＩ為主的科技。

大家都認為，第四次工業革命帶來的衝擊將會超越過去的三次革命。身處在這個轉型時期，如果抱持「自己才不會輸給ＡＩ」的想法，那就太吃虧了。

這樣的想法看似勇敢，但在這個必須與包括ＡＩ在內各種科技共存的時代，可說是過於消極。

這就好像是，明明已經有了汽車這麼方便的交通工具，卻偏偏逞強堅持「自己走路才有意義。我才不會輸給汽車」。

ＡＩ不是敵人，而是應該與之共存的科技，也別忘記我們與ＡＩ是以人為主的主從關係。

因此，當接觸 ChatGPT 的時候，不要堅持「也沒什麼了不起，我還比較厲害」，而是應該學習靈活運用ＡＩ，將其當作是優秀的助手和祕書。

算盤→計算機→文字處理器→電腦→ＡＩ

如果放在這條延伸線上來看，ＡＩ與人類的主從關係就可以一目了然。

不需要親自處理的工作就交給ＡＩ，節省下來的時間應該留給非自己不可的工作。

數年後，當知識份子回顧歷史時會發現：「原來當時就是人類第四次工業革命。」

現在，我們應該清楚認知自己正處於人類史上第四次工業革命的漩渦之中。

不能夠掉以輕心，以為「ＡＩ的發展還早著呢」。

比爾蓋茲也說：「現在我們認為ＡＩ做不到的事情，在不久的將來都做得到。」

科技在「加速回報定律」的作用下，發展的速度會愈來愈快，遠超越我們的想像。誤判這一點可能會讓我們付出慘痛的代價。

在漩渦之中很難察覺典範轉移（Paradigm shift），因此，善用五感保持敏銳、感受時代的變化，是一件非常重要的事。

為此，有必要鍛鍊前面提過的「一手資訊收集力」。

・需要的理由❷：進行盧德運動不會有任何改變

在這樣的時代最應該避免的就是「盧德運動」。「盧德運動」是第一次工業革命時發生在英國工業地區的破壞運動，工人以槌子砸毀工廠的機器。

由於機器取代人力，認為工作遭到剝奪或薪資下降的人們，將大規模破壞工廠機器當作主張自己權利的手段。想必這些人抱著「都是機器害我失去了工作！我要把它弄壞！」的想法。

發生「盧德運動」後，現在也會將反對職場導入新科技或無法活用科技的人們稱做「盧德」。

然而歷史證明，「盧德運動」沒有任何意義。

就算進行這樣的破壞運動，也無法阻止文明的進步。

文明會朝著便利的方向義無反顧地前進，且不可逆。

便利的方向未必就代表幸福，但無論如何已經無法回頭，反抗也無濟於事。

例如：這二十年來因為出現了以亞馬遜為首的線上書店，實體書店的數量從兩萬一千家減少到約半數的一萬一千家。

對我們而言，買書變得非常方便，但同時，在書店工作的人們或經營者可能因此失去了工作。

那麼，我們會因為覺得書店很可憐就改掉在線上購買書籍的習慣嗎？應該改不掉了。

這就是「文明朝著便利的方向義無反顧地前進且不可逆」的意思。

又或者，Uber、DiDi、Grab 的出現，讓我們在國外的交通變得非常便利，但另一方面，計程車業者可能因此面臨倒閉的危機。

關於 Grab，有一件事情令我印象深刻。

之前我和家人前往馬來西亞時，在機場弄丟了娃娃車。我有三個孩子，最小的孩子才兩歲，經常在睡覺。他的體重也已經不輕，無法去哪裡都抱著或揹著。

我打電話告訴馬來西亞的友人這件事，他立刻說：「我現在就把娃娃車送去給你。」

實際上，大約二十分鐘左右，Grab 就把娃娃車送到了。友人把閒置在家裡的娃娃車用 Grab 送到了我住的飯店。

真是救了我一命，讓我感動不已。同時也覺得太方便了，只要點一點手機上的應用程式，問題就解決了。

透過 Grab，在工作回家的路上只要順便送個貨就能賺取零用金，對使用 Grab 服務的人來說也非常方便。

同樣的事情如果發生在日本，首先要買包材，捆包完成後再拿去給宅配業者並支付費用，至少需要一至二個營業日才會送到。

Grab 同時進行了運輸革命和物流革命，讓我印象深刻。

・需要的理由❸：門外漢將運用科技進入你的產業

「盧德運動」不僅僅是破壞硬體的行為。二〇二三年五月，美國編劇協會大罷工，主要是為了對 Netflix 和 Disney 等知名影音串流平台的製片公司表明將來不排除使用AI編劇表達抗議。＊

這場罷工也可視為是「盧德運動」的一種。如果站在每一位編劇的立場，生成式AI擅自學習專家撰寫的劇本，這對編劇來說當然是威脅。如此一來，懂得運用生成式AI的業餘編劇或外行編劇都有可能進入這個產業，寫出與專業編劇同等的劇本。

同樣的事情也發生在設計領域。

然而，以整個產業的角度而言，這將提升生產效率；以整個人類的角度而言，我們可以享受到更豐富、前所未見的影音作品和藝術作品，因此這個趨勢必然無法阻擋。

生成式AI帶給業餘人士或門外漢進入專業領域的機會，抵抗這個趨勢的專家能夠獲得的報酬單價將下降，甚至有可能因此失去工作，而順應這個趨勢的人們（也就是發揮科技運用能力的人）則可獲得新的工作方式。

●培養方法——先試著使用

．方法❶：重複「很方便」的微小體驗

提升科技運用力最有效的方法，就是刻意從身邊與生活直接相關的科技開始嘗試使用。

敵視科技的人們擁有的共通點就是傾向迴避使用身邊的科技。他們認為未知的科

＊ AFPBB News，〈對ＡＩ戰戰兢兢，美國編劇擔心失業大罷工〉（https://www.afpbb.com/articles/-/3463234）。

技令人害怕，而且理解、學習新的科技很麻煩。

然而，即使是這樣的人，等到他們不得不使用的時候會發現，「其實很方便嘛！我以為會很麻煩，但其實也沒什麼嘛！」只是等到下一個新科技出現的時候，又會再度感到害怕和麻煩。

重複「很方便」的微小體驗，漸漸就會減少對科技的敵意。

至於堅持避免使用科技的人們，有可能會陷入認知不協調的困境。認知不協調是指為了減輕因為自己的知識或想法錯誤所造成的不適感，而試圖合理化自己的知識或想法的狀態。

下面舉出一個容易理解的例子。

例如：使用 PayPay 等無現金支付工具，是科技運用力的基礎。

然而，那些對未知技術感到害怕，覺得理解、學習新技術很麻煩的人，會隱藏他們真正的想法，而發展出另一番說詞。

・如果不用現金支付，不知不覺就會花太多錢，所以還是現金最好！

・如果不用現金支付，就不懂得金錢的可貴！

・現金即使停電也可以使用，遇到災害也不用怕！

當大腦承受壓力（處於認知不協調的狀態）時，為了緩解壓力，人們會傾向欺騙自己的大腦，想辦法找到合理的解釋。

・無法適應無現金支付等時代進步的自己↓壓力。

・找出許多使用現金比較好的理由↓解除壓力。

會陷入這樣的狀態。

再舉另外一個例子。假設一個人戒菸總是「三天打魚，兩天晒網」，很快就會放棄了。

不想承認自己意志薄弱的人，為了緩解大腦的壓力，就會開始提出「附近的田中先生身體健康，年過八十還在抽菸」、「在職場上抽菸可以維持良好的人際關係」等主張。

這也是一種認知不協調。因為不想承認自己意志薄弱，所以欺騙自己的大腦，找出無法戒菸的正當理由，希望藉此緩解大腦的壓力。

當公司決議「下次的會議在線上舉行」時，有些人可能覺得下載、操作Zoom很麻煩，也不知道怎麼操作或分享畫面。明明這些才是真正的理由，但因為不想承認，所以會透過「會議本來就是要所有人聚集在同一個場所，面對面進行才有效率。我認為實體交流更重要」的說法，試圖合理化自己的想法。

這也是認知不協調。

・方法❷：從科技中獲得創意的靈感

面對生成式ＡＩ，同樣也會產生認知不協調。

很多人在嘗試使用 ChatGPT 時，明明是自己提問的方式粗糙，但只要獲得的答案不值得參考或生成的文章內容太過膚淺，就會覺得「這種東西根本不堪用，完全比不上人類」，拒絕提升自己的科技運用力。

這種情形在電腦用語中被稱做「GIGO」。「GIGO」是「Garbage in, Garbage out」的簡稱，指的是「輸入無意義的資料，電腦也只會輸出無意義的結果」。

換句話說，不是科技本身不成熟，而是沒有認知到自己使用科技的方式不成熟。也或許是不想承認。

的確，ChatGPT 有時會提供錯誤的資訊。有些人一看到就會大作文章，說：「你看，還不如維基百科。」

想必這是對於生成式ＡＩ的要求太過單純，而這樣的人不會去努力取得更有效運用科技的方法。

生成式AI有其他更有創意的使用方式。例如：「我想要撰寫介紹生成式AI的文章，請以條列式的方式提供文章架構」，以這樣的方式向 CahtGPT 提問，就會得到好幾種回答。

接下來，人類只要在這個基礎上讓內容更豐富即可。

如果是這種使用方式，原本需要花費好幾個小時默默構思的文章架構，只要幾十分鐘就可以完成。

這正是提升生產效率的表現。

真正的使用方法是向生成式AI尋求創意的靈感，而不是正確答案。如果要尋求正確答案，參考書籍或搜尋專家的意見可能會更好。

生成式AI對我們的生活也很有幫助。

例如可以問 ChatGPT：「我的母親一個人住在遙遠的老家，母親節有什麼可以讓她開心的方法？」它就會給出大約五種建議。

如果列出的方法都不合心意，只要下達「再列出五種方法」的指令，就會再得到五種方法。重複這樣的操作，想必終究會找到心目中「就是它！」的理想答案。

就像這樣，從ＡＩ獲取靈感，把節省下來的時間花在「讓母親開心」這件只有人類才做得到的事情上。

・培養時的注意事項

生成式ＡＩ接下來將以驚人的速度不斷進化。如果無法掌握並熟悉使用的技巧，只會更加覺得「既可怕又麻煩」，而避免去使用它。

如此一來，會運用的人與不會運用的人在工作效率上的差距只會愈來愈擴大。

不要求生成式ＡＩ提供正確答案，而是用來建立基礎架構，或是當作腦力激盪的夥伴，讓生成式ＡＩ成為幫助自己的祕書，擁有這樣的心態是一件很重要的事。如果不這麼做，可能會養成無法因應時代變化的體質（腦質？）。

自二〇二三年四月起，日本勞動基本法解禁「數位支付薪資」，人們可以選擇PayPay 或樂 天Pay 等手機支付應用程式的帳戶當作薪資的收款帳戶。*

當然，如果收款人沒有選擇數位支付的話，薪資還是會以匯款的方式入帳。當社會上發生這樣的變革時，能否擁有更多的選項，也與是否擁有科技運用力息息相關。

＊日本經濟新聞，〈數位薪資　二〇二三年四月解禁　厚生勞動省〉（https://www.nikkei.com/article/DGXZQOUA261SR0W2A021C2000000/）。

第 2 章

AI 無法取代
「展現個人魅力的技能」

技能 ⑤ 未來預測力

粗略預測
未來十年的技能

技能定義——能粗略預測未來十年

未來終究不可預測，只要感謝眼前的幸福，努力過好每一天即可。

這是經常出現在自我啟發相關書籍的說法，想必你也曾看過或聽過。

然而，請仔細想一想。如果能夠感謝眼前的幸福，努力過好每一天，同時預測未來，那不是更好嗎？（笑）

感謝眼前的幸福和預測未來可以並行，不需要二擇一。

傳染病的流行、國際紛爭、氣候變遷等，我們不知道自己生活的這個時代會發生什麼事情，也無法預測這些事情影響的速度和範圍。因此，接下來的時代又被稱做是「VUCA時代」。

VUCA是「Volatility（易變性）、Uncertainty（不確定性）、Complexity（複雜性）、Ambiguity（模糊性）」的縮寫，原本是美國的軍事用語，但近年來也被當作商業用語使用。

未來難以預測，但正因為如此，我們更不應該放棄預測，像無頭蒼蠅一般到處亂闖，而是應該更積極預測未來可能發生的事。

不僅是明年、後年可能發生的事，更有必要預測十年後的長期未來。

即使是粗略的預測，我們也可以將這種預測十年後的能力稱做「未來預測力」。

●未來需要的理由——努力終究會成功的法則已經不適用

・需要的理由❶：努力取得的證照將來會變得無用

以前的社會不太重視未來預測力。

這裡所說的「以前」，是指發生某個讓你強烈意識到預測未來有多麼困難的事件之前，時間點因人而異。有些人可能會認為是二〇〇一年發生在美國的九一一恐怖攻擊事件，有些人認為是二〇〇八年的雷曼兄弟事件，又或許有些人認為是發生在二〇一九年的新型冠狀病毒大流行。

無論是哪一個時間點，在那之前的時代總是可以大致看出未來走勢，或者人生差不多都是按照自己的計畫前進，因此未來預測力沒有那麼受到重視。

考上好的大學、進入大型企業工作、生小孩、買車買房、隨著年齡增長升遷、迎接退休生活，如果能這樣就是幸福。在那個人生像是擁有指引一般的時代，「計畫」

比「預測」更受到重視。

在急速複雜化且擴大的金融服務帶動之下，景氣波動、國際情勢變化、氣候變遷、傳染病擴大，再加上科技進步、ChatGPT 等生成式ＡＩ的出現，這些因素使得過去被認為十分穩妥的人生規畫變得很難實現。

例如：過去可能認為只要取得某張證照，將來就有保障；只要在某個領域找到工作，就不愁吃穿；只要進入某家公司，就有豐衣足食的退休生活在等著我。然而，現在我們所處的這個時代，這樣的規畫可能數年後就會崩塌。

不僅是個人的人生規畫。原本被認為安穩的大企業，可能會因為一個遊戲規則改變者（Game Changer）或數位顛覆者（Digital Disruptor）應用最新的數位科技創造出新的商業模式，破壞了市場，而面臨經營危機。

因此，即使粗略也無妨，必須隨時預測未來，察覺「鍛鍊這個技能也沒用」、「繼續待在這個產業可能沒有發展」、「這家公司的經營戰略不可行」等。

既是教育家也是作家的藤原和博在著作《十年後你有工作嗎？未來的「受雇能

力」》（日本Diamond出版社出版）中指出，只要大約五年的時間就可以自稱專家。換句話說，大約五年（貪心一點的話，二至三年）就可以掌握新技能。

面對未來，你應該定期檢視自身的技能，進行更新或增強。

如果需要磨練十年才能稱得上是專家，可能會陷入「這項技能已經被科技取代，不再被需要」的窘境。我希望你不會過上「好不容耗費十年磨練的技能被ＡＩ取代了！把十年還給我」的懊悔人生。

在這樣的時代，最擔心自己成為資訊弱者。

資訊弱者，真是令人不悅的用語。

這個詞彙給人一種高高在上的感覺，所以我不太喜歡，但身處變化劇烈的時代，我們必須認真看待這個詞彙。

很多人可能會以為，「我每天都在網路上看新聞，也會閱讀報紙，一定沒問題。」的確，如果每天都在看新聞，或許可以在與商務人士閒談時派上用場。

然而，這樣真的就沒問題了嗎？

單純僅是熟悉時事，雖然可以在閒談時炒熱氣氛，但不足以幫助自己在行為上有所改變，因應五年後、十年後的未來。重要的是，從新聞獲取的資訊預測未來。

・需要的理由❷：即使效仿成功人士也無法成功的未來

為什麼未來預測力沒有特別受到矚目呢？每一個人都有想要保護的東西，或許是自己的生活，也或許是家庭的生活。為此必須確保將來有持續穩定的收入。

為了確保將來有持續穩定的收入，有必要為將來的變化做好準備。換句話說，為了我們想要保護的一切，必須擁有未來預測力。

然而媒體卻很少提及未來預測力。我試著思考其中的原因。

電視上有專門介紹商業界或演藝圈成功人士的節目。那些原本窮困潦倒，後來在經濟上取得成功，或者克服多次挫折後終於成為名人的故事，非常受到歡迎。

當節目詢問這些成功人士「為什麼會成功」時，多數的成功人士都會回答：「因為不知道將來會發生什麼事，所以努力把眼前的事情做好。」

成功人士的話非常具有說服力。

觀看節目的觀眾從中獲得了勇氣，會覺得：「的確如此，我也不要再煩惱，先專心做好眼前的事情吧！」

但如果成功人士的回答是：「我預測未來，知道這樣的時代會來臨，所以戰略性思考應該要做的事並付諸行動，因此獲得成功。一切幾乎都是按照我的計畫進行。」觀眾可能會產生「這個人聽起來好可疑」、「不過是僥倖成功，事後才編理由」等感想。

想必節目導演也會認為「這樣的說法太過強勢，無法引起觀眾的共鳴，節目也不精采」。

我認為，正是因為如此，未來預測力的重要性才不被重視。

然而，我認為至少在商業界取得成就的人，他們應該都在有意識或無意識的情況下思考並預測未來。

我認為成功最重要的就是行動力，但橫衝直撞、不假思索地行動，與預測未來、隨時調整行動，兩者所產生的結果大不相同。

假設有一個你很仰慕的CG設計師。即使你因為崇拜這個人而立志成為CG設計師，不停創作，展現行動力，但如果無法預測運用生成式AI的門外漢可能會在不久的將來進入設計業界，那麼，等你成為可以獨當一面的設計師時，可能被迫持續接受低單價的工作。

如此說來，不得不佩服於二〇〇六年以兩千億日圓收購YouTube的Google，其預測未來的能力實在太精準。想必當時的Google已經看到即將迎接影片的全盛時代。順帶一提，根據最新的資料，YouTube一年的營業額高達四．二兆日圓。

回歸正題。

我們必須認識到，過去前輩們只要不斷努力終究會成功的法則已經不適用現在這個時代。

經營者如果不具備未來預測力，公司可能會倒閉。如果是個人，則有可能無法養活自己。

因此，所有的商務人士都必須培養未來預測力。預測的不是明年或後年，而是五年後、十年後的大浪潮。

如果ＥＶ（電動車）普及，那麼傳統汽車產業將會如何？如果氣候變遷的風險升高，該如何因應糧食問題和災害問題？如果少子化和高齡化的現象持續惡化，應該如何面對？

舉例來說，如果你是依賴觀光客的餐廳老闆，就必須預想，若穆斯林人口持續增加，可能得考慮是否提供清真食品。這對日本人來說或許比較陌生，但世界上的穆斯林人口正持續增加中，預測到二〇五〇年就會超越基督徒，成為全球最大的勢力。

公司員工也是一樣，隨著生成式ＡＩ的出現，必須預測白領工作會發生什麼樣的變化？如果想要善用ＡＩ，必須具備哪些技能？

設計師、插畫家、攝影師、作家等創作者，也不能掉以輕心。

運用生成式ＡＩ這項武器，業餘人士或外行創作者也會加入競爭，必須思考應該如何應對。也必須做好行情被破壞的準備。

科技的進步不僅限於ＡＩ。

我認識好幾位專業攝影師，每一位都是專業人士，他們為了工作購入數十萬日圓的相機和鏡頭，但他們所獲得的報酬卻連年下降，都說這行愈來愈不好做。

主要的原因是智慧型手機的攝影功能和修圖、加工功能高度進化，大部分的拍攝都不再需要特地委託攝影師。

使用智慧型手機拍攝也有防手震功能，因為天氣不好而看起來效果不佳的照片，也只需要使用軟體就可以輕鬆修圖。

再加上能夠靈活運用智慧型手機拍攝功能和修圖、加工功能的業餘人士也透過雲端委託平台加入專業攝影師的戰場，因此破壞了行情。

很可惜地，恐怕難以遏止專業攝影師的市場價格遭到破壞的趨勢。

然而，到底應該怎麼做呢？不預測未來，只因為喜歡攝影就持續接受低價的工作？或是，預測未來，鎖定森林深處的稀少動物或戰場等極少數只有真正的攝影師才能拍攝的場景？我認為兩者之間將來會有極大的差異。

・需要的理由❸：猶太人的字典裡沒有「出乎意料」一詞

我剛才強調，相較於明年或後年的短期預測，更重要的是進行五年後、十年後的長期預測。

以最近的例子來說，中國和美國之間發生貿易摩擦、新型冠狀病毒蔓延導致物流延遲、俄羅斯入侵烏克蘭更是讓半導體短缺現象雪上加霜，導致日本新車價格大幅上漲，而且還需要等待半年才能交車。

事前預測這些突發事件幾乎是不可能的事，但若是十年後，半導體短缺的可能性低，即使是暫時性短缺，長期而言都可望進行調整。同時也不難想像，十年後通訊技術的5G和6G普及，全世界對於內建半導體的IoT設備的需求將會提升。

突發事件想必很快就會恢復正常，不需要因此而驚慌失措，更重要的是掌握長期趨勢。

未來預測力也可說是危機管理的能力。

順帶一提，據說猶太人不使用「出乎意料」一詞。

這是因為家長和學校老師從小就教他們隨時做好最壞的打算，並做好準備。

猶太人是出了名的優秀。猶太人僅占世界人口〇．二%，卻占諾貝爾獎得獎者約二〇%。

猶太人不使用「出乎意料」一詞，顯示他們平時就維持一定程度的危機意識，凡事深思熟慮。每當我在 YouTube 頻道提到「將來某些工作將被科技取代」，就會看到「不要煽動危機意識」的留言，但我認為，維持一定程度的危機意識對於商務人士而言是一件很重要的事。

《塔木德》是猶太教重要的聖典之一。這部多達數十冊的聖典，我曾經閱讀過摘要版。

當中寫到了許多可以做為商業啟示的內容。例如：

- 不應只做理所當然的事，而應不斷嘗試新事物。
- 最好的老師是能夠分享最多失敗經驗的人。
- 世界上最聰明的人能夠向他遇到的每一個人學習。

這部經典中有許多現代人也受用的金句。猶太人將這些生活智慧代代相傳，我感覺當中貫徹了重視預測的態度。

● 培養方法——逐漸拉長預測的時間

培養未來預測力的方法有三種。

・方法❶：首先試著預測短期的事

培養未來預測力不是一件簡單的事。如果很簡單，那麼每一個人都是商業或生活上的成功者。那才真的是中大獎了。（笑）

因此，不要一下子就預測十年後的事情，先從預測短期未來的事開始練習。

既是藝人也是補習班講師的林修，他列舉了失敗的三項要件。那就是「自滿、臆斷、資訊不足」。當符合其中一項要件時，人就會失敗。無論是考試、戰爭、商業比稿、經營等，幾乎有關勝負的事皆如此。

當聽到這段話時，我認為「自滿」和「臆斷」的主要原因是第三項的「資訊不足」。因此，總體而言，最終失敗的原因可以歸結為「資訊不足」。

也就是說，若想在商業上取得勝利，養成隨時收集資訊、迎接挑戰的習慣，會非常有幫助。收集資訊之後，首先試著預測眼前的未來。

反覆練習，養成習慣，如此便能預測更遠一點的未來。

例如：當與客戶進行商業談判以達成合約時，不是毫無準備地即興演出，而是事前透過公司網站或社群媒體收集談判關鍵人物的相關資訊，了解這個人的興趣是什麼、有哪些家庭成員、最近熱衷什麼、最近去過哪些地方等等。

事前收集這些資訊，就可以看出應該從何處下手。

商談時既可做出對關鍵人物有利的提議，還可以準備一些閒聊的話題，拉近與關鍵人物的距離。

此外，證照考試也關乎勝敗。即使不是外資企業，如果是在像樂天這種英語力會影響薪水或升遷的公司工作，或許會要求TOEIC成績必須達到某個分數以上。

這時，與其盲目尋找各種教材，不如專心練習過去的考古題。理由是，TOEIC考試的設計原本就沒有分配足夠的答題時間。

只要實際考過TOEIC或計時寫過考古題就會知道。長文閱讀的題型也是如此，如果想要從頭開始一邊翻譯一邊閱讀，肯定寫不完，只能掌握要點解題。

如果事前沒有掌握這些資訊，很難取得高分。單純靠TOEIC參考書就去考試，很難拿高分。

換句話說，如果事前沒有取得如何分配時間更有利的相關資訊，就很難掌握制勝之道。

再舉一個例子。某個電視台曾經邀請中日龍的前總教練落合博滿上節目。節目介紹了在空手道世界選手選拔賽的個人「型」項目（非對戰，而是評比動作的美感）中取得四連霸的日本選手喜有名諒。

當時節目主持人請落合博滿評論，他說：「四連霸代表這個選手懂得制勝之道。」

當時主持人和其他來賓只是帶著疑惑的表情簡單附和，然後節目就進入了下一個單元。

似乎沒有人察覺落合博滿這句話的深意。

我認為落合博滿想要表達的是，這位空手道選手並非盲目地以自己的方式追求更美的動作，而是深入研究什麼樣的展現方式會讓評審給高分，充分掌握了這方面的資訊。

即使經過反覆訓練以展現美麗的動作，但如果只是自以為美，也無法取勝。想必這位選手在賽前深入研究過評審評分的重點，例如何時應該迅速移動、何處應該停頓、何時應該展現多少氣勢、視線該望向何處等，在充分掌握這些資訊的情況下，才站上決勝的舞台。

這麼說可能對選手有些失禮，但在短期勝負中，有時候運氣也很重要。如果只是一次性的勝利，有可能是剛好對手狀態不佳而沒有發揮真正實力，所以才獲勝。但四連霸的話，又是另當別論。

我認為落合博滿想要表達的是，若無法掌握「致勝資訊」，並朝著目標持續鍛鍊，則無法取勝。

商業領域亦是如此。首先收集能夠幫助自己在下一次的商談或簡報中取勝的資訊，逐漸養成習慣，慢慢擴展成收集幫助自己在一年後、兩年後，甚至五年後、十年後取勝的資訊。

為了掌握長期的趨勢，尤其應該重視科技相關新聞。因為科技相關新聞很早就會為未來可能發生的事提供一些線索。

讓我們一起養成收集資訊、預測未來，進而贏取勝利的習慣。

・方法❷：閱讀預測未來的書籍

掌握長期趨勢最有效的方式就是閱讀預測未來的書籍。

例如已成為系列套書的河合雅司《未來的年表》（講談社）、成毛真《2040年的未來預測》（日經BP）、彼得・戴曼迪斯（Peter H. Diamandis）等人共同著作的《2030年：迎接一切都在「加速」的世界》（NewsPicks Publishing）、土井英司《提高「人生勝率」的方法：保證成功的「選擇」課程》（KADOKAWA）等。

・方法❸：瀏覽國外的新聞網站

培養未來預測力的第三種方法是瀏覽國外的新聞網站。

但必須特別注意，如果為了獲取國外的資訊而僅瀏覽BBC或CNN等知名網站，得到的可能是傾向歐美的偏頗資訊。剛才介紹的作者成毛真，他推薦的是中東的半島電視台，報導的新聞既不偏向美國，也不偏向歐洲，因此我也會看半島電視台。

至於科技，我主要查看歐美的新聞，並不擔心地區偏見。我尤其關心美國有關AI的最先進資訊，因為日本經常引進美國目前導入的科技，依我個人的感覺，通常在三至五年後，這些技術就會進入日本。

例如：有人說零售龍頭沃爾瑪將被亞馬遜淘汰，然而沃爾瑪積極追趕亞馬遜，不斷挖角IT企業的重要人才，引進最新科技，致力推動公司的數位轉型（Digital Transformation, DX）。

沃爾瑪的目標是在二〇六〇年之前，將美國境內四千七百家店鋪六五%的業務自動化，並已宣布裁減倉庫等單位超過兩千名員工。*根據當時公開的影像，背景裡可以看到機器人在工作。

三至五年後，日本也有可能發生同樣的事情，因此如果能夠獲得這方面的資訊進行分析，便可以及早採取因應措施。有了這些資訊，就能知道自己目前從事的行業將會發生什麼樣的改變，又或是可能會消失。對於想找工作或換工作的人而言，也能知道想從事的行業是否有未來。

如果你能定期查看國外的新聞網站，了解在裁員風氣盛行的美國社會中倖存的人是從事什麼行業、有著什麼樣的發展，便能大致看出未來的趨勢。

此外，專門分析國際情勢的美國調查公司歐亞集團公布的「今年十大風險」，也可以幫助你鳥瞰全球趨勢。†

未來預測力就是危機管理的能力，掌握世界重大風險的預測有助於你預測這些風險對日本或自己的產業會產生什麼影響，同時也能鍛鍊預測未來的能力。

---

* 日本經濟新聞，〈沃爾瑪，美國店鋪六五%邁向自動化〉（https://www.nikkei.com/article/DGKKZO70934090S3A510C2H63A00/）。

† Eurasia Group, "Top Risks 2023" (https://www.eurasiagroup.net/issues/top-risks-2023).

・培養時的注意事項

無論是閱讀預測未來的書籍，或是查看國外的新聞網站，都有需要特別注意的重點。

那就是，獲得資訊之後自己進行分析和預測，並付諸行動。

即使是小小的行動也無妨。不需要突然採取如創業這般大膽的行動。例如像我從事顧問工作，我會試著在企畫書的開頭加入從國際情勢或科技動向獲得的有益資訊。又或者假設你對某個產業感興趣，也可以在舉辦相關展覽會的時候前往一探究竟。這些都是可以採取的小小行動。

即使獲得資訊，如果沒有付諸行動，就不會有任何實質改變。同時是作家和YouTuber的精神科醫師樺澤紫苑曾說：「產出（input）和吸收（output）的比例最好是七比三。」

許多日本人正好相反，產出三、吸收七，這一點必須特別注意。

根據樺澤紫苑的說法，產出之所以比較少的原因在於吸收時沒有把產出當作前提。

為什麼要讀書？為什麼要費這麼大的工夫收集國外資訊？我們必須牢記，是為了付諸行動（output），所以才要吸收知識（input）。

技能⑥個人品牌力

讓人想要「拜託這個人」的技能

●技能定義——能在工作上被指名

「個人品牌力」指的是在工作上被指名的技能，讓人覺得「這項工作無論如何都想請這個人幫忙」，或是「這個企畫無論如何都想跟這個人一起進行」。「無論如何」代表「即使需要支付較高的酬勞」或「即使需要等待」也願意。

成為不僅無法被科技取代，也無法被其他人取代的人，這就是「個人品牌力」。

●未來需要的理由——我們無法逃脫市場原理

・需要的理由❶：社會的大眾商品化，未來將進一步擴大

同時是天使投資人和經營顧問的京都大學客座副教授瀧本哲史在其著作《你不需要朋友》（講談社）一書中指出，社會將持續商品化。

商品化（commoditization）指的是一般大眾化的意思。

到目前為止，大眾商品化的對象是商品和服務。

例如液晶電視剛問世的時候，其前所未見的薄度讓許多人驚嘆。但由於價格高昂，並非是每個人都能輕易入手的商品。

我還記得第一次購買液晶電視是在二〇〇五年，我買了一台三洋電機生產的二十吋液晶電視，價格接近三十萬日圓。對於當時的我而言非常昂貴，但我非常想要，所以至今印象深刻。現在，只需要不到十分之一的價格，就能買到二十吋的液晶電視。

言歸正傳。早期，每個製造商各有特點，例如要求畫質就選夏普，要求音質就選SONY，談到設計的時尚感則非 Panasonic 莫屬，而功能最豐富的是東芝，各家產品都能實現差異化。

然而，之後每家製造商都努力趕上其他製造商的優勢，結果使得每家產品的規格都差不多，於是陷入「比價格」的狀態。

這就是商品大眾化。

現在的競爭對手不僅限於國內，三星和ＬＧ等韓國製造商也加入了液晶電視市場的價格競爭。

起初，韓國的品質完全無法與日本國內製造商相提並論，單就畫質而言，也有明顯差距。「Made in Japan」（日本製造）的品質取得壓倒性的優勢。

然而，商品大眾化的可怕之處就在這裡。轉眼之間，韓國製造商品的品質大幅提升，規格上已經與日本製造商品難分軒輊。不僅如此，韓國製造商品的價格相當便宜，不知不覺間，三星和ＬＧ已經奪下世界五〇％的市占率。

當然，日本產品也逐漸低價化，結果導致產品本身不再具有差異，變成「每個牌子都差不多」。

商品大眾化是任何產品或服務都有可能發生的現象。

瀧本哲史在書中還指出，現在就連商務人士也開始進入商品大眾化的時代。

這是由於文明的進步促進資訊共享，使得人們擁有的知識和技能沒有太大的差異。

假設某家公司的總務部門為了提升因人而異的文書處理技能而導入了數位學習。

如此一來，幾乎所有員工都擁有相同的知識和技能。當然，或許有人因為不適應而離職，但透過這樣的方式達到了提升多數員工文書處理技能的目標。

因此當上司想要交付新工作時，只要指派給任何有空的員工即可，對部門來說是最理想的狀態。

但從員工的角度來看，等於被告知「沒有非你不可」，這就是商品大眾化的結果。

根據我的預測，今後的生成式ＡＩ社會將加速人才的商品大眾化。

這是因為，運用生成式ＡＩ的門外漢進入各個業界，專業人士和門外漢之間的界線將變得模糊。如此一來，成績和信譽，也就是個人品牌力，將會變得愈來愈重要。

・需要的理由❷：業務的高效化和標準化

不只是總務部，其他部門也有同樣的情況。

即使沒有導入數位學習，現在是任何人都可以輕易在網路上獲取資訊的時代，例如透過 YouTube 學習成功案例或從搜尋到的網站學習 know-how 等，這些方式也會逐漸推動商務人士的商品大眾化。

或許有人會使用生成式AI提升工作效率，但生成式AI的使用技巧很快就會普及，轉眼之間其他人也會使用生成式AI，同樣走向商品大眾化。

商品大眾化的問題在於，商務人士可能被認為「很多人可以取代你」。

如果是上班族，這代表無法加薪；如果是自由業者，代表將被捲入價格競爭。

透過上述液晶電視的例子很容易就可以理解。如果每一家製造商的產品規格都相同，價格便宜的產品就容易被選擇。

如果是上班族，即使提出抗議表示「工作這麼繁重，不加薪我就要辭職！」也無法獲得加薪。反而可能得到「是喔，那我知道了。反正很多人可以取代你」的回答。

如果是自由業者，在說出「這個金額太低了，必須提高價格」的瞬間，就會得到「那算了，我找其他人」的回答。

這就是商品大眾化的可怕之處，提高收入變得非常困難，說不定還會減少。

職業選手的世界一直都非常嚴峻。能獲得「非你不可」這種肯定的選手可以獲得非常高的年薪，其他選手的薪資則可能會降低，甚至被降到二軍。

演藝圈也很嚴峻。平凡無奇的藝人酬勞較低，剛出道、沒沒無聞的藝人只能獲得極低的酬勞，甚至可能被認為「肯用你就應該感謝」。

相反地，如果是被認為「沒有這個人，節目無法進行」的藝人，酬勞則高得驚人。

換句話說，只要從事經濟活動，就無法逃脫供需平衡的市場原理。

此外，我預測，由於有愈來愈多懂得運用科技的人加入供給方，將使得競爭更加激烈。

因此，我們必須取得「無法替代」的地位。擁有「只願意交給你」、「非你不可」的個人品牌力，是一件非常重要的事。

每當我在 YouTube 談到這件事的時候，就會收到許多留言說：「不存在只有自己才能勝任的工作！」

想必這些人誤解了我的意思。的確，很難找到「只有自己能勝任的工作」。

因此我想說的並非找到「只有自己能勝任的工作」，而是培養讓別人想要指名找你負責某項工作的個人品牌力。

例如在顧問的世界裡，個人品牌力就是一切。

雖然老王賣瓜有些不好意思，但許多人指名找我，希望我可以「針對生成式ＡＩ將如何改變未來進行演講」，或是「談論今後無人商店對零售業帶來的影響」等等。

這種情況下，幾乎不會有人要我酬勞打折。

這是因為我已經建立了身為未來學家的個人品牌，能夠預測各行各業的未來發展，並給予建議。因此，我獲得指名邀請。不是我去拜託別人讓我演講，因此不會被捲入價格競爭當中。

如果是自己主動拓展業務，則會經歷價格交涉、日程協調，以及關於演講內容的多次事前會議等。

現在的我，幾乎不需要交涉價格，日程也都配合我的時間，演講內容也全權交給我決定。

在這個商品大眾化快速發展的社會，必須培養被指名的個人品牌力。

剛剛是以身為社長的我為例，如果是公司員工，則必須具備能夠在內部競爭或對外競爭中與別人做出差異的個人品牌力。

例如：「開發客戶的業務只有你能勝任」、「這個企畫的簡報非你不可」；如果是現場作業的話，「這項工作不容出錯，只能交給你」；又或者「希望你可以擔任這次公司內部專案的領導者」、「客戶堅持由你負責」等。

換句話說，即使是公司員工，也要取得被指名的地位。

如果感覺自己目前所處的位置很容易大眾化，則要特別注意。導入ＩＴ和ＡＩ提升工作效率，同時引進數位學習提升員工技能，再加上業務標準化，都將進一步促進大眾化的發展。

商店的店員也一樣。尤其是打工或兼職人員這類汰換率高的人才培育，每當有新人加入就必須有人親自指導的做法，效率很差；讓新人透過觀摩前輩自行學習的做法，效率更差。

這時候只要利用如 Teachme Biz 等應用程式創建影片形式的工作手冊，就能有效培育達到一定水準的大眾化店員。然而，無論是什麼時代，總是會出現「不知為何，只要有這個人在，店裡就會高朋滿座」的專業服務人士。

至於為什麼會出現這樣的差距？究竟哪裡不一樣？大家可以試著仔細研究看看。

●培養方法——成為百萬分之一的存在

・方法❶：結合三項技能，成為稀有人才

培養「個人品牌力」的方法就是成為百萬分之一的稀有角色。

我在〈技能⑤：未來預測力〉的章節介紹了藤原和博的著作《十年後你有工作嗎？未來的「受雇力」》（Dimond 社），他在書中提倡，成為某個領域百分之一的存在，如果能夠結合三種領域，就能成為「1/100×1/1/100×1/1/100×1=1/10000」，也就是成為百萬分之一的稀有存在。

在某個領域成為百分之一的存在，代表已經是該領域的專家。多數人已經從事某個職業很多年，因此成為最初的百分之一應該不是難事。

然而，百分之一的存在隨處可見。無論是公司同事，或是同部門的競爭對手，都有可能是百分之一的存在，因此成為百分之一稱不上擁有個人品牌力。

例如一個擁有多年工作經驗的廣告公司業務，他既是那個行業的專家，也已經在所有日本人當中成為百分之一的存在。一個工作多年的行銷顧問是行銷的專家，而一個工作多年的網頁設計師是網頁設計的專家。

然而，到處都是相同程度的專家。

因此藤原和博才會提出，必須從百分之一提升到百萬分之一，成為稀有人才。為此還必須在其他兩個領域成為百分之一的存在，也就是成為專家。

這時應用的是所謂的「一萬小時法則」。「一萬小時法則」是美國記者葛拉威爾（Malcolm Gladwell）在他暢銷全球的著作《異數：超凡與平凡的界線在哪裡？》（*Outliers: The Story of Success*，日文版由講談社出版）中所提倡的法則，他透過許多案例得到一個結論，那就是，無論哪一種專業，只要堅持一萬個小時，就能成為該領域的佼佼者。

根據藤原和博所說，若要實現「一萬小時法則」，大約需要花費五年的時間。

然而，我認為如果能夠運用科技進行有效率的學習，就不需要花費這麼長的時間。利用線上學習、YouTube 或書籍等，有效率地學習，某些領域可能只需要一至兩年的時間就能精通，成為專家。

只要成為另外兩個領域的專家，就可以成為百萬分之一的稀有人才，建立不會被捲入價格競爭的個人品牌。

以我而言，我以前是業務，之後培養了架設網站的技能，再加上網路行銷的工作經驗，成為三個領域的專家。擅長跑業務又懂得網路行銷的網頁設計者，這樣的人在日本可能是屬於萬分之一的稀有人才。

我現在也持續磨練自己的技能，致力成為能夠預測未來的顧問，朝著億分之一的超稀有人才之路邁進，建立全日本獨一無二的個人品牌。是不是很厲害呢？

我還打算培養英語力，創造無人可以模仿或撼動的品牌價值。光是寫下來就讓我感到振奮。（笑）

——失禮了。讓我回歸正題。

透過培養個人品牌力，成為「獨一無二」的存在，就能跳脫價格競爭的漩渦，進而增加收入。

即使成為百萬分之一的稀有人才，但如果三個領域當中的其中之一過時，可能就會變成萬分之一。也正因為如此，我隨時重新計算，避免陷入這樣的情況。不要以為成為百萬分之一就可以放心了，必須隨時重新檢視與計算。

・方法❷：傳遞訊息

我想要補充，即使你好不容易培養了百萬分之一的個人品牌力，如果沒有人知道，就無法轉換成金錢。因此必須懂得傳遞資訊，讓第三者發現你的個人品牌價值。

這不僅限於像我這樣的自由工作者，公司員工也一樣。可以透過部落格、社群媒體、YouTube等，讓全世界知道你是擁有個人品牌力的稀有人才。

同時兼具藝人、繪本作家、作家身分的西野亮廣在著作《革命的號角：現代的金錢和廣告》（幻冬舍）中，使用了「儲信」這個詞彙。儲蓄的不是金錢，而是信用。

西野亮廣認為，「儲信」才是二十一世紀的賺錢方式。傳遞訊息，並累積自己做為某個領域專家的信用，進而建立個人品牌，這才是換取金錢的方式。

實際上，我就是不斷以未來學家的身分傳遞資訊，儲蓄我的信用。

若是 YouTuber 可以透過訂閱人數和觀看人數明確看到「儲信」的增加，其帶來的結果就是確立「友村晋是值得信賴的未來預測專家」的地位。

「儲信」可以透過許多不同的形式轉換成金錢。可能是做為顧問的酬勞，可能是講座或演講的車馬費，也可能是數位轉型課程的講師費。換句話說，不是一下子就販賣商品或服務來換取相對應的金錢，而是先儲蓄顧客的信賴，再根據顧客的需要來獲得相應的報酬。

請大家務必在培養個人品牌力之後，把訊息傳遞出去。

・培養時的注意事項

培養個人品牌力時有兩大注意事項。

第一就是不要選錯相乘計算的職業。好不容易成為了百萬分之一，卻發現沒有相對應的市場需求，那可就太悲哀了。

因此，請盡量以「喜歡」（喜歡的事）、「擅長」（擅長的事）、「市場」（有需求的事）三者交疊的部分為目標（見圖1）。其中，「喜歡」和「擅長」與自己有關，「市場」則是外部的問題。

因此，有必要培養本書提及的「未來

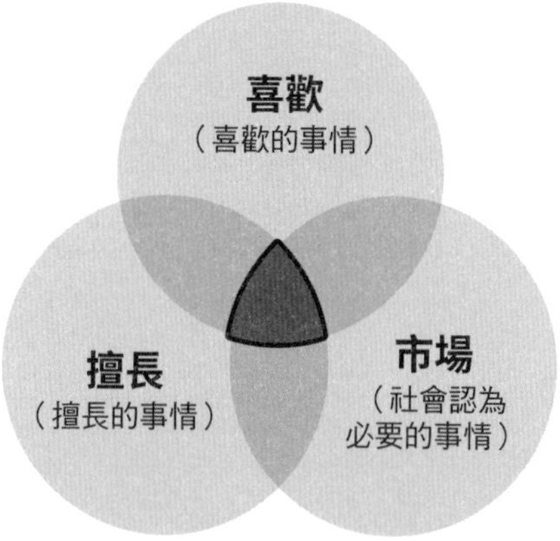

圖1　選擇理想職業的指南

預測力」。預測未來的同時，要留意職業規畫的計算不能偏離未來的需求。

第二個注意事項是不要被技能「再培訓」（Reskilling）或「回流教育」（Recurrent Education）等時下流行的詞彙所迷惑，避免成為證照培訓業者的冤大頭。

每一個證照培訓業者都會宣稱：「這是接下來的時代必備的證照！」請務必自己確實思考後加以判斷。

關於這一點，不僅是大人，也與小孩息息相關。希望有小孩的父母能夠好好思考。

美國科學記者大衛・艾波斯坦（David Epstein）著有《跨能致勝》（*Range: Why Generalists Triumph in a Specialized World*，日文版由日經BP出版），書名的「Range」指的是知識和經驗的廣度。

從許多案例可以發現，多數在全世界有活躍表現的第一流運動選手、商務人士、藝術家等，他們從小就多方嘗試各種不同事物，拓展自己的選擇。

許多人誤以為某個領域的第一流人才必定沒有經過計算，而是從小就專注於單一的菁英教育。然而根據資料顯示，這樣的人其實少之又少。

這本書顛覆了許多人的想像，尤其推薦給每天煩惱應該如何育兒的父母閱讀。與其從小就針對某個特定領域進行菁英教育培養專才，不如以培養通才的方式提供各式各樣的體驗，讓孩子將來在選擇道路時有更多的選項。這樣的方式看似繞遠路，但其實更容易培養出一流的專業人才。

因為是自己選擇的道路而非父母強迫，更能夠享受成為一流人才的樂趣。

因此，在進行職業規畫計算的時候，不需要急著決定，培養一個擁有廣闊視野的人更重要。

針對某個專業進行菁英教育的風險，在於將來不容易變通。如果該專業的需求消失，或是長大之後才發現這項專業不適合自己，那就很難有轉圜的餘地。

我認為這是一件非常可怕的事。

該書同時刊載了一張圖表，顯示頂尖運動選手和業餘運動選手隨著年齡增長在訓練量方面的變化。

想當然，頂尖選手在顛峰時期的訓練量多於業餘選手。然而令人意外的是，在十五歲之前，頂尖選手的訓練量其實少於業餘選手。

從中可以看出，頂尖選手絕非從小開始就接受該項競技的激烈訓練，而是自由享受各種運動的樂趣，此舉擴展了他們的選項。

在享受過各種運動之後，從中選擇自己想要進一步磨練的項目，最終登上第一流的寶座。

以上是非常具有衝擊性的研究結果。

從中可以看出另一個注意事項。

例如以我而言，我一開始是上班族，因為工作所需，培養了業務的技能，同時也具備了製作網站的能力。

此外，由於感覺工作上也需要行銷相關知識，因此透過自學培養了相關能力，過程非常有趣。我從研究所時期就喜歡進行資料探勘（Data Mining，從龐大的原始資料當中挖掘有價值的資訊），分析資料並從中找出有價值的資訊。

持續一段時間之後，我便開始收到人們的邀請：「我願意支付費用，可以請你提供諮詢嗎？」

換句話說，如果你是公司員工，當在職場上被要求做一些原本不屬於你業務範圍內的工作或被要求參與其他專案的時候，有時不需要堅持「這不是我的業務」而加以拒絕。

不要限縮了自己的工作範圍，有機會就盡量嘗試。就像剛剛提到的頂尖運動選手一樣，最好保持嘗試各種工作的心態，擴展自己將來的選項。

我身邊也有許多人因為被要求做一些其他的業務而找到能夠發揮自己能力的工作。

因此，當有機會嘗試新的業務或工作時，如果你猶豫不決，不妨客觀思考以下兩個問題。

①因為是未知的領域而感到不安？

②直覺或本能感到討厭，所以不想做？

如果是因為①對於未知領域的不安，那麼最好可以嘗試看看。或許實際做了之後會發現其實很有趣。

然而如果是②直覺或本能感到討厭的業務或工作，就不屬於上述「喜歡」、「擅長」、「市場」交疊的領域，最好不要做。

三者交疊的領域非常重要。可能因為有「市場」，即使「喜歡」和「擅長」沒有交疊，也會勉強工作，但勉強工作的結果當然就是非常痛苦。

假設有一個人喜歡畫漫畫，而且因為有「市場」，所以非常努力畫漫畫。然而，如果這個人不擅長建構故事，那麼會如何呢？想必創作出來的作品即使圖畫本身非常精美，還是會被批評故事無聊透頂。

如果是這樣的話，最好重新審視選擇的職業。當然，如果是漫畫家，有可能是由故事作者和畫家共同合作，那麼選擇成為專門畫畫的漫畫家或許也是一條路。

此外，近年來有許多人希望可以成為成功的 YouTuber 等資訊傳遞者並賺錢。然而，如果僅考慮「市場」，只是因為可以賺錢就投入，那麼之後會很辛苦。

資訊傳遞者就好像是馬拉松跑者，因為不是短跑而是長跑，如果缺少「喜歡」和「擅長」，絕對無法持久。

成功的資訊傳遞者除了比任何人都認真努力，他們對於這份工作的熱情，經常讓人難以分辨究竟是在工作還是在玩。

我也在 YouTube 頻道傳遞資訊，主要是我非常熱愛向人們分享最新科技的相關資訊，真的非常有趣。因此，連我自己也分不清究竟是在工作還是在玩，我也不想刻意區分。也正因為如此，我才能持續至今。

技能 ⑦

自我展現力

把自己的優勢
轉換成
對方的利益

技能定義——將自己的優勢轉換成對方的利益並進行推銷

「自我展現力」指的是能夠大膽、有時甚至厚臉皮地推銷自己優點的能力。自己的優點是指長處或技能，有時也包括個性。

然而，需要展現的不是「我很優秀！我很厲害！」的自大態度。自我展現力的關鍵在於，將自己的優勢轉換成他人的利益並進行推銷。

未來需要的理由——展現自我在全世界已經是理所當然的事

・需要的理由❶：日本未來會有更多懂得展現自我的外國勞動者

二〇一九年五月十三日，日本汽車業龍頭豐田汽車時任社長豐田章男，發表了一席令人震驚的言論。他以日本汽車工業會會長的身分在記者會上表示，「維持終身雇用制已經變得相當困難。」

這段發言在企業界和勞工之間引起極大的波瀾。雖然大家都知道現在這個時代已經無法保證終身雇用，但實際聽到日本代表性企業的高層說出「困難」二字，讓人們再次深刻感受到終身雇用制真的開始崩壞了。

這段深具衝擊性的發言背後，反映了日本的現實。

根據日本厚生勞動省於二〇二三年五月九日公布的三月份「每月勤勞統計調查（速報）」，實質薪資與去年同月相比，減少了二・九％，代表二〇二二年的實質薪

(2) G7 各國實質薪資的變化

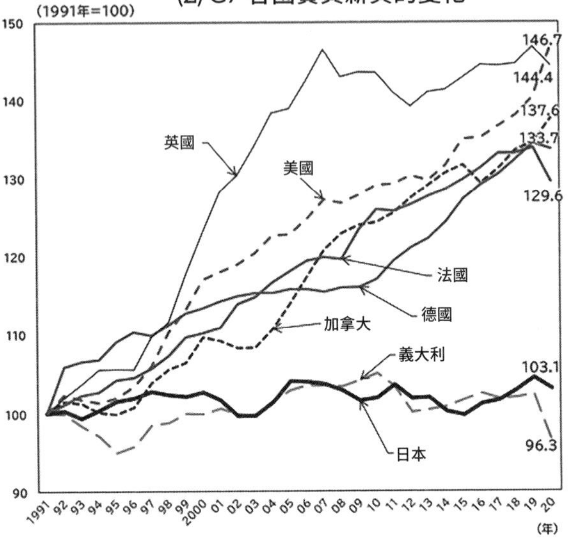

圖 2　G7 各國名義薪資與實質薪資的變化

資料出處：
(1) 根據 OECD.Stat 的 Average Wages 編制，以購買力平價為基準。
(2) 日本厚生勞動省，《2022 年版勞動經濟的分析：針對透過支持勞動者主動進行職涯發展，促進勞動力流動的課題》（https://www.mhlw.go.jp/stf/wp/hakusyo/roudou/21/backdata/column01-03-1.html）。

資持續下降。

實質薪資是名義薪資（實際收到的金額）除以物價變動得出的數值。換句話說，即使乍看之下薪資上漲，但如果物價漲幅超過薪資漲幅，實質上的薪資其實是下降的。

從圖2就可以清楚看出，若以一九九一年為基點，G7各國當中只有日本的實質薪資和名義薪資幾乎沒有上升。

(1) G7 各國名義薪資的變化

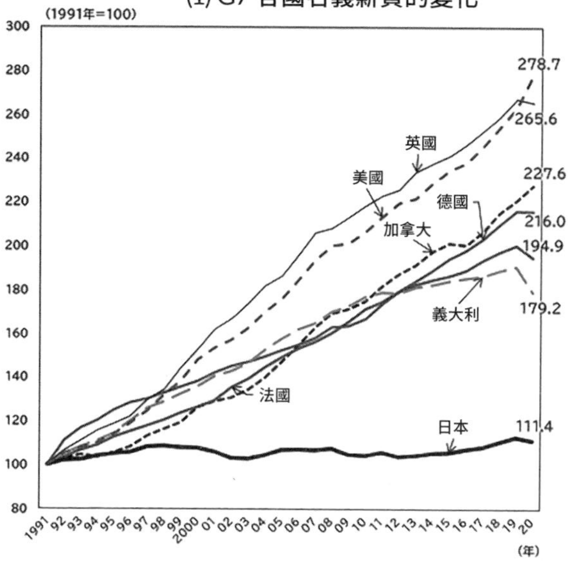

注：

(1) 以 1991 年為 100，記錄其後的變化。必須特別注意，由於 OECD 對數據加工的方法不明確，因此無法進行精準比較。日本是根據國民經濟計算的雇用者所得除以全職雇用人數、民間最終消費支出通膨率、購買力平價所得出的數值進行推估。

(2) 名義薪資是 OECD 公布的實質薪資乘上消費者物價指數的綜合指數後得出的數值。

日本未來要面臨更嚴峻的現實，亦即勞動年齡人口（十五至六十四歲）急遽下降。請大家看圖3。勞動年齡人口以一九九五年為高峰，之後持續下降。同時，外籍勞動者的數量則是急速上升（圖4）。

從這些數字就可以看出日本經濟的未來十分嚴峻。我認為G7諸國當中實質薪資上漲的國家是因

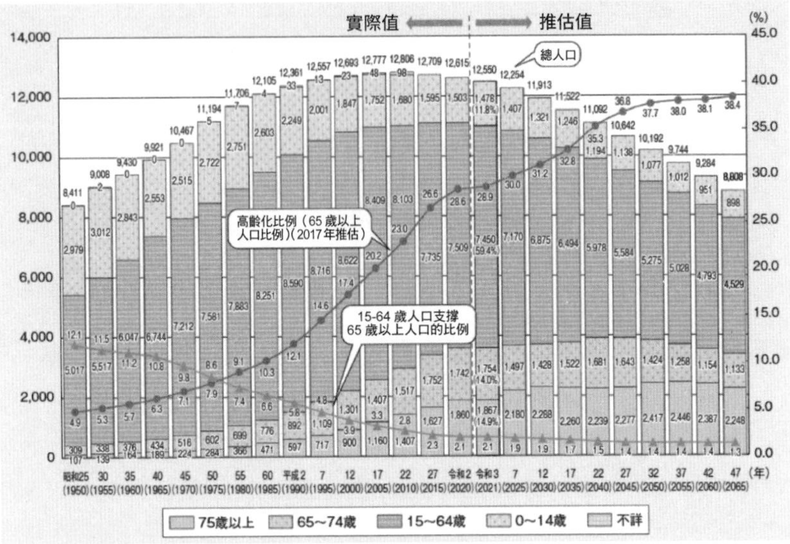

圖 3　日本勞動年齡人口

出處：日本內閣府，《2022 年版高齡社會白皮書》（https://www8.cao.go.jp/kourei/whitepaper/w-2022/zenbun/pdf/1s1s_01.pdf）。

資料：關於條形圖和實線圖的高齡化比例，截至 2020 年為止根據總務省「國勢調查」（2015 年和 2020 年根據不詳補充值）、2021 年根據總務省「人口推估」（2021 年 10 月 1 日迄今，以 2020 年國勢調查為基準的推估值）、2025 年以後根據國立社會保障 · 人口問題研究所「日本的未來推估人口」（2017 年推估）的假定出生中位數和死亡中位數進行推估後得到的結果。

注：

(1) 由於 2015 年和 2020 年的年齡別人口是不詳補充值，因此不存在年齡不詳。年齡別人口是根據總務省統計局「2020 年國勢調查」（不詳補充值）的人口所計算出的數值，因此不存在年齡不詳。2025 年以後的年齡別人口是根據總務省統計局「2015 年國勢調查按比例分配年齡、國籍不詳的人口（參考表）」按比例分配年齡、國籍不詳的人口所計算出的數值，因此不存在年齡不詳。另外，1950-2010 年的高齡化比例的計算，分母排除年齡不詳。然而，在計算 1950 和 1955 年的比例時，注 (2) 的沖繩縣部分人口不包括在不詳內。

(2) 沖繩縣 1950 年 70 歲以上的外國人 136 人（男 55 人、女 81 人）和 1955 年 70 歲以上 23,328 人（男 8,090 人、女 15,238 人），從 65-74 歲、75 歲以上人口中排除，包括在不詳內。

(3) 未來人口推估是根據截至基準時間點為止的人口統計資料，基於此前的傾向和趨勢對未來進行投影的方法。根據基準時間點之後的結構性變化，推估結果可能與實際數據或新的預估之間產生差異，因此必須定期根據實際的數據調整將來推估人口。

(4) 四捨五入的關係，加起來可能不足 100%。

資料：日本厚生勞動省職業安定局「外國人雇用申報狀況」（截至每年 10 月底）

圖 4　日本外籍勞動者的變化

出處：日本厚生勞動省，《2020 年版厚生勞動白皮書：思考令和時代的社會保障與工作方式》（https://www.mhlw.go.jp/stf/wp/hakusyo/kousei/19/backdata/01-01-01-06.html）。

為解雇生產力低的傳統員工，將多出來的錢投資在ＩＴ上，提升剩餘員工的生產效率，所以才能提升實質薪資。

在日本，解雇員工不是一件容易的事，而人事費用又是一筆龐大的固定支出，因此無法輕易投資。我認為，企業為了提升整體的生產效率，於是傾向選擇雇用人事費用較低的東南亞外籍勞動者。

想必這就是日本失落三十年的原因。預計這種趨勢在二〇三〇年之前都不可能突然改變，因此外籍勞動者還會持續增加。

下面介紹美國經濟雜誌《富比士》於二〇二三年四月四日公布的全球富豪榜。＊

第一名　貝爾納・阿爾諾家族／二一一〇億美元（法國／LVMH）
第二名　伊隆・馬斯克／一八〇〇億美元（美國／特斯拉、SpaceX）
第三名　傑夫・貝佐斯／一一四〇億美元（美國／Amazon.com）
第四名　勞倫斯・艾利森／一〇七〇億美元（美國／甲骨文）
第五名　華倫・巴菲特／一〇六〇億美元（美國／波克夏・海瑟威）
第六名　比爾・蓋茲／一〇四〇億美元（美國／微軟）
第七名　麥克・彭博／九四五億美元（美國／彭博）
第八名　卡洛斯・史林家族／九三〇億美元（墨西哥／通訊產業）
第九名　穆克什・安巴尼／八三四億美元（印度／多角事業）
第十名　史蒂芬・巴爾默／八〇五億美元（美國／微軟）

伊隆・馬斯克（第二）、傑夫・貝佐斯（第三）、勞倫斯・艾利森（第四）、比爾・蓋茲（第六）等資訊科技業高層都名列前茅。

也就是說，資訊科技業非常賺錢。

然而，根據日本經濟省的預測，二〇二五年日本資訊科技人才短缺將達三十六萬人，二〇三〇年更將擴大到四十五萬人。†

資訊科技人才已經開始出現短缺，例如經營 UNIQLO 的迅銷集團會長兼社長柳井正宣布，由於與亞馬遜等ＩＴ企業的競爭愈來愈激烈，為了吸引優秀的數位人才，公司將提升中途招聘人才的年薪至最高十億日圓。‡其他大型企業也紛紛從傳統的會

＊富比士日本，〈富比士全球富豪榜　貝爾納・阿爾諾首登榜首〉（https://forbesjapan.com/articles/detail/62183）。

†日本經濟產業省，〈ＩＴ人才需求與供給的調查（概要）〉（https://www.meti.go.jp/policy/it_policy/jinzai/gaiyou.pdf#page=2）。

‡日本經濟新聞，〈迅銷集團中途招聘人才年薪最高十億日圓　與ＩＴ大企業競爭〉（https://www.nikkei.com/article/DGXZQOUC1451M0U2A110C2000000）。

員型（membership）雇用轉為工作型（job）雇用。

在這樣的趨勢之下，勞動方具備自我展現力就變得非常重要，不能悠哉地以為「只要默默地認真勤懇工作，上司總有一天會賞識我」。

如果不能積極推銷自己的優勢、擁有的技能、想要擔任的工作，那麼好的工作機會就會不斷被擅長展現自我的外籍勞動者搶走。

在日本，謙遜和內斂一直被認為是美德，我也認為這是日本人的優點，完全沒有否定的意思。然而，在工作態度方面，必須切換到確實展現自我的模式。

・需要的理由❷：沒有人發現自己的才能而被埋沒

之前我有機會造訪馬來西亞。馬來西亞是種族的大熔爐，擁有各式膚色的人種從世界各地來到這裡，組成不同宗教和料理等多元文化共存的社會。新加坡也是如此。

身處這些國家，就能夠深切感受到在這裡生活和工作的人們都具備強大的自我展現力。他們並非刻意鍛鍊，而是將其視為生存的必須技能，也就自然而然地培養出了這種能力。

在這種多元化的社會裡，如果不具備自我展現力，就會被淘汰。

不僅是個人，企業和店家也非常積極展現自我。在馬來西亞宜得利的入口可以看到「日本第一的家具店」的英文標語。日本不會如此積極展示自我，但這在海外是很常見的事。

《法拉利與鐵壺：從一條線誕生的「有價值的製造」》（PHP研究所）是法拉利唯一的日籍設計師奧山清行的著作。

書中提到了義大利人的工作風格。會議一開始，每一個義大利人就會非常積極地提出自己的主張，排斥他人的設計，強推自己的設計。

大家可能會覺得這樣必定起衝突，所有人老死不相往來，也不可能再一起工作。

然而書中提到，只要會議一結束，所有人又都和樂融融地一起去咖啡廳喝卡布奇諾。這恐怕是日本難以想像的光景。

想必這是因為歐美人習慣將意見和人格分開來討論。因此，即使嚴厲批判對方的意見，也不等於批判對方的人格。也就是，「我反對你的意見，但我尊重你。」日本人則是經常將意見和人格混為一談。很容易就覺得，「提出這種意見的人真是太差勁了。」未來有必要培養分別看待的觀念。

你是不是也覺得，這是義大利才有的情況呢？

但我在閱讀這本書的時候，覺得日本未來也會變成這個樣子。隨著企業開始展現重視優秀人才的態度，有能力展現「我很優秀！」的人才將從世界各地蜂擁而至。

現在已經出現這樣的趨勢，因此必須立刻培養自我展現力。

東京電視台《寒武紀宮殿》的主持人村上龍曾經在節目中說過，「日本人不擅長展現自我。」

他也提到，日本人即使創作出優秀的藝術作品，卻不懂得宣傳作品背後應用的高超技巧、巧妙的設計，以及辛勤的付出，只是消極地採取「我的作品細節不用多說，懂的人就懂」的態度，其實非常吃虧。

另一方面，歐美人十分懂得宣傳自己在創作的時候多麼辛苦、應用了多麼高超的技術。有時甚至自吹自擂到有些厚臉皮的程度，但他們就是透過這樣的方式提升自己作品的價值。所以日本人真的很吃虧。

我非常同意村上龍的看法。

・需要的理由❸：社會愈來愈要求即戰力

面試是最考驗自我展現力的時候。

不僅是學生在找工作的時候需要面試，對已經是社會人士的商務人士來說，想要跳槽到待遇更好的公司，或是在公司內部加薪、升職、轉調部門時，也都需要經過面試。

尤其是有工作經驗的中途雇用，由於公司要求的是即戰力，因此有必要發揮當仁不讓的自我展現力。

這時候，許多人會在履歷表或職務經歷表當中填上自己的優勢和取得的證照，或是詳細的職歷。

然而，這樣的做法完全稱不上是自我展現，無法給人留下深刻的印象。

我因為擔任顧問的關係，有許多機會參與企業的人才雇用面試，顧客會請我當面試官。

來參加面試的人當中，有些人為了讓面試官留下深刻印象，會更加具體強調自己的成就。

例如：面對尋求行銷部門人才的面試官，有些人會說「我負責經營前公司的Instagram，成功提升集客率」、「我成功在一個月內提升官方推特的追蹤人數達到多少百分比，來客數也提升了多少百分比」等等，透過這樣的方式展現自我。

企業的面試官聽完之後會表示佩服，但我會立刻提醒這樣還不夠，這種程度的話誰都會說。

然而，若面試者是以下面這種方式展現自我，我會立刻示意面試官「就是他了！」

「我仔細瀏覽貴公司的社群媒體，並整理出了幾個相較於競爭對手需要改進的地方。只要實施這項方案，不僅可以增加追蹤人數和按讚數，更能強化吸引顧客來店的流程，提升轉換率。」

換句話說，在面試前做足功課的人，才是擁有自我展現力的人。

當有人超越「我會做這些工作」的境界，並表示「我已經做了這些功課」，我就會做出「這個人不錯」的判斷。

單純強調自己的長處或擁有的技能，可能給人一種厚臉皮的感覺。然而，如果能夠將自己的優勢轉換成「可以為對方（想要進入的公司）帶來哪些好處」，就會受到高度評價。

最有效的方式就是實際為對方做一項工作。

順帶一提，在實際為對方做一項工作之前，自己個人經營的 Instagram 和推特等社交媒體的追蹤人數是重要的關鍵。就好像是TOEIC分數一般，今後追蹤人數也會是評價標準之一。

或許有人會認為社群媒體的追蹤人數是個人隱私，但對於今後的企業而言，擁有高度擴散力和共感力，或是擁有高度網路素養，這些都與企業的行銷能力密不可分。

因此，還沒開始使用社群媒體的人，請立刻開始經營 Instagram 或推特，培養增加追蹤人數的技能。

或許在不久的將來，根據「追蹤人數」雇用人才可能會成為常態。

培養方法——觀看外國連續劇

培養「自我展現力」的方法有兩種。

・方法❶：觀賞有許多展現自我場景的外國連續劇

第一種方法是觀賞國外的連續劇或電影。例如美劇《無照律師》、紀錄片風格的

《辦公室風雲》，或是電影《姐就是美》、《征服情海》、《華爾街之狼》等。

現在只要透過 Netfelix 或 Amazon Prime Video 等平台就可以輕鬆觀賞國外的電影和連續劇。《無照律師》以紐約為舞台，講述律師們透過相互競爭累積經驗的故事，所有登場的人物都強烈展現自我，可以實際感受美國社會是如何展現自己。向上司表達自己主張的場景值得一看。此外，《征服情海》當中，湯姆克魯斯從頭到尾靠著自己的熱情攀上高峰的演技也不容錯過。

持續觀賞這些強烈展現自我的電影或連續劇，在不知不覺當中就會學習到「我也必須強烈展現自己」、「原來要在這個時間點提出自己的主張」等，在享受劇情的同時也能培養自我展現力。

・方法❷：留意究竟是「意見」還是「反應」

另一種方法是有意識地注意自己在發言的時候，究竟是說出「意見」，或是僅做出「反應」。這是社會評論部落客兼作家Chikirin在自己的著作《貫徹自己的意見：解答「沒有正確答案問題」的四個步驟》（Diamond出版社）當中提出的論點，我也高度贊同。

例如：當有人問你「今天中午想吃什麼」時，如果回答「都可以」，那就表示你只是做出反應而已。但如果回答「昨天吃了油膩的中華料理，今天想吃清爽的烏龍麵」，代表你是在說出自己的意見。

說出自己的意見就是在提出自己的主張。因此，不僅限於工作，在日常生活中也要注意觀察自己究竟是說出「意見」或只是做出「反應」，就可以培養出在關鍵時刻提出自我主張的能力。

再舉一個具體的例子。例如同事問你「對靠拍馬屁升職的人有什麼看法」，如果回答「每個人都有不同的見解」，這只是做出反應。也就是，看似回答了什麼，其實什麼也沒說。

但如果回答「不管用什麼方法，為了守護家人，升職是一件很重要的事，所以我覺得拍馬屁也無妨」，這就是意見。或者，「有時間拍馬屁，不如靠工作表現升職」也是另一種意見。

・培養時的注意事項

當然，並不是什麼事都要說出自己的意見，在人際關係中，有時只要做出反應即可。

例如：當對方不是真的在尋求意見，而是在尋求認同，如果每一次都提出相反的意見進行議論，那就太累了。

我有時候，尤其是在跟妻子對話的時候（笑），不會說出自己的意見，只是做出反應而已。

重點在於，有意識地注意自己現在是在表達意見，或是做出反應。

我介紹的兩種方法都不困難，只要有心，立刻就可以付諸行動。

技能
⑧
管理力

機器人上司的時代不會到來

● 技能定義——管理人的能力

管理的對象各式各樣，包括錢和專案等，本書所說的「管理力」指的是管理「人」的技能。在企業當中是指上司管理下屬的工作。

我的 YouTube 頻道經常可見「上司總是偏心，真是令人生氣，機器人還比較公平。那些被稱做上司或經理的人應該要被科技取代，公司才會更好」的類似留言。

然而，我認為管理人的行為今後不僅不會消失，需求反而會愈來愈高。

●未來需要的理由——AI無法負責

・需要的理由❶：工作型態多元化

邁向二〇三〇年，包括公司員工在內，人們的工作型態愈來愈多元。不僅是工作模式，就連工作的理由也愈來愈多元。隨著這樣的變化，管理工作變得更加困難。

迄今為止，工作方式的多元化並未受到太多關注。這是因為各個企業文化形成對工作應有樣貌的共識。

過去，各企業或各業界的工作型態或進行方式都已經形成一種傳統，因此管理起來沒有那麼複雜，只要延續一直以來的管理模式就足以應付。

此外，日本人對於比企業文化更抽象的「社會人士應有的樣子」有著高度共識，因此關於上班如何打招呼、如何交換名片、如何辭職、如何出差、如何委託工作、與上司商量或表達自己意見時的禮儀，甚至歡迎或歡送會的規矩、喝酒交流的禮貌，都有「日本企業大致都是這麼做」的固定模式。

然而近年來，在公司沒有固定座位、彈性上下班、沒必要的話不需進公司的遠距辦公，或是透過線上會議就不用特地出差等，工作模式變得愈來愈多元。

尤其是，受到疫情影響，遠距辦公和線上會議一下子就變得非常普及。

遠距辦公當然就不需要早上進公司打卡，而是從家裡登入群組軟體留下上班的紀錄。如果無法用上下班時間進行管理，就會透過雲端上的專案管理工具或根據實際工作成果進行管理。

勞工的觀念也出現了變化。

如果在家裡上班，就不需要穿著西裝。過去大家在同一個辦公室工作，即使沒有特地交換資訊，也可以大致掌握整體的狀況，但遠距工作就必須透過電子郵件或即時通訊軟體交換資訊，才能掌握狀況。

這樣一來，不需要與上司或同事直接見面也能完成工作，人與人之間的互動方式也出現了變化。

例如：我聽客戶說，當有員工想要辭職的時候，有些人不是向上司提出辭呈，而是以LINE或電子郵件傳送「我做到今天」的訊息，這種非正式的方式往往讓上司措手不及。

過去，曾經在大學參加過運動社團的員工被認為充滿幹勁且嚴格遵守上下關係和禮儀規範，因此受到很高的評價。然而，現在即使是這些有運動背景的員工也會用LINE突然傳送「我要請假」或「我要辭職」的訊息，大幅動搖了選擇人才的標準。

到底發生了什麼事呢？

這是因為勞工的選項逐漸增加。

聯絡方式的選項增加，工作模式的選項也增加。此外，過去認為長期在一家公司工作是值得肯定的事，但現在人們反而認為有必要透過換工作來提升資歷或尋找更適合自己的工作。

換句話說，工作場所的選項也逐漸增加。

勞工的選項增加，已經是不可擋的趨勢。

台灣的數位發展部部長唐鳳，在他的著作《唐鳳談數位與ＡＩ的未來》（日本總裁出版社）中，針對「何謂美好未來」這個問題，他的回答是「選項增加的未來」。

文明的進化與多元化密不可分。

事實上，現代日本人在各方面的選擇都比江戶時代的日本人多出許多。例如：江戶時代只能徒步前往隔壁鄉鎮，但現在有自行車、計程車、公車、電車等多種選擇。

就算不用回溯到這麼久遠以前，例如現在的工作模式也不僅限於正式員工，還有派遣員工、打工、副業、自由業等選擇。工作場所也不僅限於辦公室，家裡、咖啡廳、共享辦公室、共享空間等，還有其他許多選項。

就連工作時間也不僅限於上午九點到下午五點。如果是在以遠距辦公為前提的企業工作，就不一定要住在方便通勤的區域，可以住在日本任何地方，甚至是國外。

此外，挑選公司的標準和對公司的要求也愈來愈多元。是否需要經常加班？工作是否有成就感？薪水高低？是否遠距辦公？是否不需要與人面對面就可以完成工作？需要團隊合作或是獨立作業？依照指示工作或自己提出企畫案？責任輕或重？等等。

尤其隨著科技的進步與普及，以及傳染病的流行，人們的行動模式和價值觀急速發生變化，一下子增加了許多不同工作型態的選擇。

此外，做為全球趨勢，正如SDGs（聯合國提倡的國際目標，翻譯為「永續發展目標」）所代表的那樣，追求多元化對於人類而言是一件非常重要的事。

如此一來，不僅工作方式，為了管理擁有不同人生觀、價值觀、生活觀的多元化人群，必須擁有高度的管理技能。

這也代表具備管理力的人，擁有更高的附加價值。

正如圖5所顯示，以「開心過生活」為目的而工作的世代逐漸增加。如果管理者過去重視的是「測試自己的能力」，那麼管理員工就不是一件容易的事。

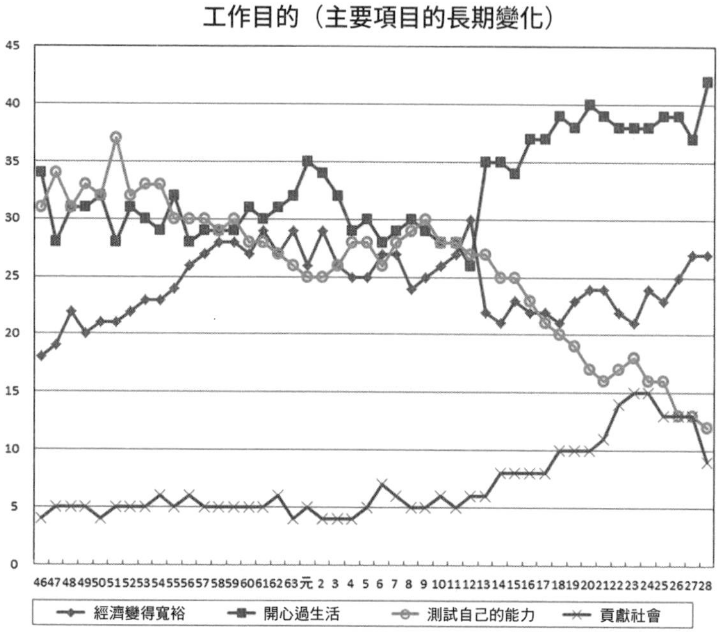

圖 5　工作目的之變化

出處：（公益財團法人）日本生產性本部 2016 年度新進員工「關於工作意識」調查（https://www.jpc-net.jp/research/detail/002806.html）。

無論工作方式變得多麼多元，企業和組織都不會消失。既然不會消失，那麼就持續需要從事管理的人才。

・需要的理由❷：科技無法負責

只要我在 YouTube 頻道做出「人類的工作將被科技取代」的預測，就會湧入大量類似「真的，希望科技可以取代我現在的上司」、「不需要政治人物，希望他們被科技取代」的留言。

我可以理解大家的心情，但請冷靜想一想。如果是出現毫不留情追求最佳解答的機器人上司或政治人物，想必會更讓人不滿。

的確，對於現在的上司可能有許多不滿意的地方，例如：比起工作能力佳的自己，給予會拍馬屁的同事更高的評價，或是說話一變再變等。

然而，如果上司是根據數值冷酷判斷的ＡＩ，完全不留情面，所有事情都是立刻決斷，那麼例如：工作成果距離目標值可能只差一分，ＡＩ卻會立刻做出「你的評價下降了」的判斷。

如果上司是人類，或許反而會受到誇獎。「雖然差一點點沒有達到設定的目標，但你在整個過程中都確實非常努力和用心，這些我都看在眼裡。一點點的差距就當作是誤差，我認為你已經做得很好了。」

你覺得哪一種上司比較好呢？

例如每半年進行一次的人事考核，如果是ＡＩ上司，或許會對無法連續四次達到目標的人員機械式地做出「無法給予升職和加薪」的判斷。雖然ＡＩ可能會考量其他變數做出計算，但基本上都是依據數值判斷。

但如果上司是人類，可能會邀約你喝一杯以表達關心：「你最近似乎狀態不佳，有發生什麼事嗎？」又或許會因為期待你未來的表現而做出這樣的判斷：「雖然數字上無法連續四次達標，但最後一次只差一點點，在我看來整體表現還是不錯。俗話說，職位會塑造一個人，不如就算他四次都達標，讓他升職吧！」

人的管理並非一成不變。ＡＩ可以做出合理客觀的判斷，不受情緒的影響，完全根據數值化資料進行判斷。如果是49比51，那麼49的努力或潛力不會被看見，只會根據數值選擇51。

但是一個優秀的管理人才必須要有能力考量數值化所無法衡量的資訊（例如：現在雖然是49，但他這個月非常積極認真，也比較有成長的潛力）。

政治的世界也相同。不是席次多就可以做任何事，許多事情在判斷時也必須考慮到少數派的意見。機械式的判斷會造成過大的犧牲，這就是人類社會的現實。

有些情況甚至會刻意避開合理的判斷，必須經過讓步、妥協、交涉等複雜的程序才能解決問題。外交問題尤其如此。

正因如此，政治家必須是人類。雖然也有弊端，但我相信人類社會正在逐步改善。

簡單來說，人類是極端非理性的生物。

正如相田光男所說：「我不過是個人。」

此外，科技有極大的缺點。

那就是，無法負起責任。

人類上司或政治家必定不是萬能，但他們可以負起責任。負責的方式視情況而定，但是當因為自己的指揮失當而出錯時，可以用某種形式負起責任。

因此這些人會謹慎做決定，薪水也較高。

但是科技無法負責。如果失敗的原因在於科技，那麼會是由批准科技成果的人負起責任，或是由採用、研發科技的人負責。

商業場合也相同。如果使用 ChatGPT 製作的資料有誤，ChatGPT 無法負責，而是由採用資料的員工或其上司負責。

請仔細想一想！科技甚至連自己製作的資料都無法負責，更不可能成為統管多人的上司。

這就是結論。管理工作雖然因為人的多元化而變得困難，但無論科技如何發達，「管理」都是人類需要的技能。

培養方法——總結為五點

培養「管理力」不是一件簡單的事。

去書店會發現，關於如何成為優秀上司或管理人員的書籍不計其數，代表培養管理力的技巧和必須要做的事情多不勝數。

然而，我認為稱之為上司的人，他們的工作可以總結為下列五項。

- **提出目標**
- **傾聽稱讚**
- **鳥瞰全局**
- **做出決策**
- **負起責任**

只要能做到上述五項，就可以成為理想的上司，受到下屬尊敬。現實中其他包括外表乾淨、說話方式等印象也會有所影響，但這個部分交由讀者自行判斷。總之最重要的是上述五項。

其中又以「傾聽稱讚」、「鳥瞰全局」最為重要，下面詳細說明。

・方法❶：傾聽稱讚

「傾聽稱讚」代表不是上司單方面給予建議。

身為上司，往往會熱心地覺得「我必須給下屬建議」，於是不自覺地流於單方面給予建議。然而，我在培訓上司的課程當中都會建議「傾聽八成，發言兩成」。

當下屬有事商量，有些人可能覺得「太好了！我被需要了！」於是自顧自地說起話來，但這時候應該先忍耐，先聽聽對方想說什麼。

同時，請有意識地稱讚對方。日本人不擅長稱讚別人。因為不習慣被稱讚，所以不知道該怎麼稱讚別人。稱讚的技巧是具體稱讚。

例如：下屬對客戶進行的簡報達到很好的效果，這時如果說：「今天的簡報做得非常好，你很用心！」這樣的稱讚方式不夠具體，對方聽完之後的開心程度也會減半。

如果不能具體稱讚，就沒有效果。例如可以說：「今天簡報起承轉合的節奏掌握得很好，不會讓客戶感到無趣。尤其是第四張投影片，針對整個服務流程的說明相當出色，具有說服力。當你使用那張投影片的時候，對方臉上的表情明顯改變了！」以這樣的方式具體稱讚。

如此一來，下屬必定會因為自己的用心受到肯定而覺得開心。當自己的努力和絞盡腦汁想出來的內容被別人看到，必定會覺得努力沒有白費。「第四張投影片我投入了比其他張投影片更多的時間，很開心有人注意到了！」

能夠做到這一點的上司，是優秀的上司。

・方法❷：鳥瞰全局

「鳥瞰全局」代表提升思考的層次。這麼說有些抽象，下面舉例說明。

日本在二〇二三年的WBC（World Baseball Classic）大賽中登上世界第一的寶座。然而有些選手無法在比賽中取得理想的成績。

面對這些表現不理想的選手，達比修有選手告訴他們：「人生更重要，不需要為了棒球沮喪。」

同樣都是棒球職業選手，一般來說會以同樣專業的角度給予建議。例如：「放輕鬆一點」、「看著鏡子練習揮棒就可以找出問題」、「下半身的使用方式比平時不穩定」。提出這樣的建議是很自然的。

這是選手之間會給予的建議，以公司來說就好像是同事之間互相給建議。

然而達比修有卻說：「人生更重要，不需要為了棒球沮喪。」他的思考屬於更高的層次。

意思是，「人生比棒球（職業）更重要。」

面對背負國家榮耀的職業棒球選手，很難說出「不過是棒球」這樣的話。從中可以看出達比修有真的是所有選手的精神隊長。*

相信那些成績不理想的選手都被達比修有這番話拯救了，並且重新振作了。

如果是在商業場合上，又會如何呢？

假設某個企業為了促銷自家產品而舉辦了運用 Instagram 的活動。這時兩個負責人對於要選用照片A或B意見分歧。因為兩人都不肯退讓而陷入膠著，於是兩人去找上司商量。

這時上司如果說「我覺得照片A好像比較符合這次商品的概念」，那麼這是從與員工相同的角度給出的建議，不過是成為第三個員工加入討論罷了。

---

* 其實栗山英樹總教練沒有指定誰當隊長。但是看到電視轉播，相信你也會感受達比修有選手實質上就是隊長。

這時上司必須具備的是「鳥瞰全局」的能力。那麼就可以給出以下建議。

- 從根本上來說，除了兩人所選的兩張照片，是否還有其他選擇？
- 從根本上來說，影片會不會比照片更適合？

如果再進一步鳥瞰，

- 從根本上來說，討論之前是否已經針對競品進行過分析？現在是發照片貼文的最佳時機嗎？
- 從根本上來說，真的有運用 Instagram 的必要性嗎？利用其他社群媒體是否有更高的促銷效果？

再進一步鳥瞰，

・從根本上來說，經營官方 Instagram 的目的究竟是什麼？如果把現在這兩個人的能力應用在社群媒體以外的工作上，是否會增加公司的營業額？

就像這樣，如果從「根本論」思考，就能提升思考的層次，進而從鳥瞰的角度提供建議。

・培養時的注意事項

這裡有一個需要特別注意的事項。

有些人好勝，認為身為上司就必須展現帥氣的一面，因此會想要以邏輯和才智辯倒下屬。或許是受到近來辯論風潮的影響，許多人誤以為辯倒對方就可以提升自己的權威。

居高位者必須謹記，人類是非理性的生物。

「你的論點或許合理且正確，但你在眾人面前用大道理讓我丟臉，實在太令人生氣了，我才不想要服從你。」會這麼想，才是人類的本性。

因此，辯倒對方這個行為本身百害而無一利，只會留下怨恨。

關於留下怨恨這一點，上司也有必須遵守的最低禮儀。

稱讚下屬時要在人前稱讚，責罵下屬時要私底下在沒有其他人的地方責罵。這是從以前就知道的禮儀，但或許受到近來辯論風潮的影響，經常看到上司在人前責罵下屬的場景。

此外，上司可以責罵，但不可以生氣。

責罵是為對方好，而生氣是為了自己。我們必須要有這樣的自覺。

技能⑨ 英語力

自動翻譯愈是盛行
愈需要具備英語力

●技能定義——能使用英語和人溝通

從以前開始就有許多人強調英語力的重要性，你或許都已經聽膩了。以「未來的關鍵技能」為標題的本書，也特別在進入中間階段的這個時候提出「英語力」這項技能。

或許有人會覺得，「現在才提英語力，也太遲了吧。」現在這個時代已經有可以自由翻譯多種語言的 ChatGPT，也有攜帶用的翻譯機，甚至智慧型手機也有許多翻譯軟體可以下載。有些知識階層的人開始認為：「今後隨著ＡＩ進步，機器翻譯的功能也會更加發達，不太需要學習英語。」

的確很想歡呼：「隨著ＡＩ進步，人類終於可以從學習外國語言的痛苦中解放！」

然而我卻認為，正是因為在這樣的時代，會說英語的人更有價值。

●未來需要的理由——有些事情自動翻譯機無法做到

・需要的理由❶：英語的價值是日語的二十倍？

首先請大家記住一個大前提，那就是日本的市場正邁向萎縮。日本的人口逐漸減少，目前大約一・二億，而世界的人口預測將從八十億增加至一百億人。

另外還有一個前提。目前已經有將近二十億人會說英語，這個數字預測今後還會增加。換句話說，有大約日本人口二十倍的人都使用英語溝通。

如果將此視為是商業機會，那麼使用英語的商業機會是使用日語的二十倍，遇到優良商業夥伴的機會是二十倍，一展長才的機會是二十倍，換工作的機會也是二十倍。

至於個人生活，遇到理想情人的機會、結交到好友的機會、找到興趣的機會，也都是二十倍。

當中也包括完全與科技無緣的新興國家。如果在這樣的國家工作，就不需要擔心工作會被科技奪走。

上述只是一個粗略的概念，簡單而言，只要會說英語，所有的機會都是數十倍，沒理由不購買中獎機率這麼高的彩券。

也正因為如此，雖然起步有些晚，但我正努力學習英語。

・需要的理由❷：你說的話只能傳達七％

話雖如此，還是很多人認為，既然AI的翻譯功能已經這麼進步，沒有必要學習英語。人總是希望選擇輕鬆的路。

我希望大家認識「麥拉賓法則」（the rule of Mehrabian）。這是將美國心理學家麥拉賓（Albert Mehrabian）的實驗結果以簡單的話解釋，進而廣為流傳的法則，非常具有說服力。

人在說話時帶給對方的影響，眼睛看到的動作和表情五五％，語調和語速等聲音的狀態占三八％，剩下的七％才是語言訊息（見圖6）。

這是非常具有衝擊性的實驗結果。極端來說，你說的話只能傳達七％，剩下的是外觀、動作、語調等。

假設這個數值正確，那麼只有七％的內容可以透過只負責處理語言的翻譯機相通。人與人之間的溝通並非由簡單的要素構成。

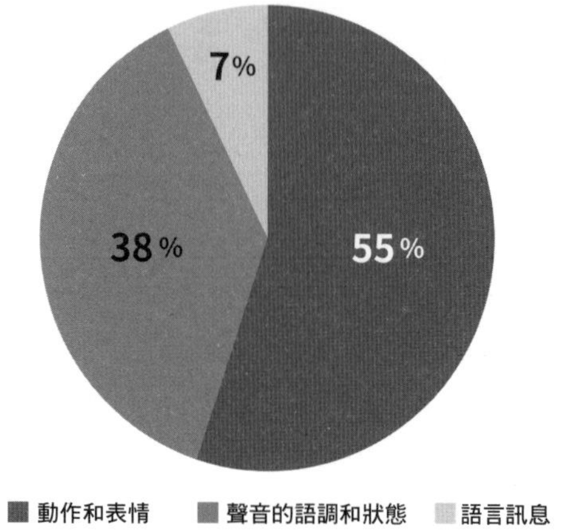

圖 6　麥拉賓法則

如果說，目的僅是想要享受為期一週的海外假期，那麼相信翻譯機非常實用，在餐廳點菜或問路時都可以派上用場。

但如果必須與為商業夥伴進行深入交流，不可能仰賴只能溝通七％的翻譯機，這麼做的話，人際關係必然會有摩擦。

此外，每次溝通都要準備電子設備戴上耳機，是一件非常麻煩的事。在雙方中間放一台智慧型手機，看著手機說話，也很麻煩。而且溝通不僅發生在會議中，工作時、在走廊相遇時、一起去吃午餐或喝酒時，或是去翻譯機可能無法清楚收音的運動酒吧聊天時，都需要溝通。

這些時候如果不需要專程準備電子設備，而是可以自然對話，難道不是一件很棒的事嗎？

特地拿出翻譯機進行只能傳達七％的溝通，對比一見面就以相互都能理解的語言說道：「嗨，隆史，工作進展得如何？順利嗎？我發現一家好吃的餐廳，要不要一起去？」進行包含表情和動作在內的溝通，明顯後者的溝通方式可以提升雙方的親近程度。無論是內容或心情都更容易傳達給對方知道。

請大家想像一下，有一個外國人調任到你的部門，前來打招呼。

第一個人拿出了攜帶用翻譯機，開始說起自己國家的語言。經過一點時間差，翻譯機傳出ＡＩ沒有抑揚頓挫的合成聲音：「我的名字是麥克。我從美國來到這裡。今天起在這裡工作，請大家多多指教。」

第二個人雖然不流暢，但努力夾雜肢體語言用自己的話表達。帶著笑容努力說出：「我……是麥克。從美……國來的。日語很難，可是我會加油！多多指教。」你覺得如何呢？

想必會覺得努力使用當地語言溝通的人更有親切感。「我想要跟他做朋友，告訴他許多關於日本的事。」

此外，如果仰賴翻譯機，當沒有網路或沒電的時候就會手足無措，雜音太多或是有干擾時，翻譯機也派不上用場。

如果使用翻譯機，說話的人和聽話的人之間會產生時間差，這樣的時間差會讓人在溝通上感到挫折。

而且，說話的人做完表情和動作之後，聽話的人才會接受到內容，交流的成效還是只有七%。

換句話說，透過翻譯機無法進行充分的溝通，也很難建立良好的信賴關係。

因此，會說英語既可以與外國人溝通，也是建立信賴關係不可或缺的要件。

培養方法——學習型態多元化的時代

學習英語有許多不同的方法，正如之前所說，我目前也在學英語，可能還不夠資格提供建議。

我認為，可以閱讀學會說英語的人所寫的書、去上英語補習班、留學等，以適合自己的方式學習。

順帶一提，我是透過線上課程學英語，因為可以利用空檔時間學習。

・培養時的注意事項

我的妻子在學生時期曾經留學美國一年，所以會說英語。她告訴我留學時的注意事項。既然去留學，如果過分投入當地的日本人社群，就不容易學會說英語。

與她同時留學的人當中，有些人因為太寂寞而加入日本人的社群，結果過了三年還不會說英語。想來這也是必然的結果。

根據我妻子所說，既然留學就要提起勇氣，下定決心不要跟當地的日本人來往。的確，好不容易去了國外，置身在每天說英語的環境是最有效的學習方式。

此外，有人認為今後比起英語更應該學中文，但若非在中國有想做的事或喜歡中國文化等特別的理由，只是想要學習日語以外的語言，那麼我認為今後的國際語言還是英語，最好學英語。

前 Google 美國總公司副董事長兼 Google 日本法人董事長的村上憲郎，在著作《Google 教我如何培育喜歡英語的孩子》（CCC Media House）中提到，英國在第一次世界大戰中獲勝，美國在第二次世界大戰中獲勝，從地緣政治的角度來看，英語做為國際標準語言的地位在未來依舊不會改變。

第 3 章

AI 無法取代
「重新審視自我的技能」

技能⑩ 韌性

失敗後重新振作的能力

●技能定義——即使失敗也不沮喪的心理素質

日語沒有完全對應「resilience」的詞彙。學術領域中有時會翻譯為「復原力」，本書則用來指稱「失敗後重新振作的能力」，以「韌性高」或「韌性低」來形容。

韌性高的人即使在工作上出錯，只要睡一個晚上，隔天早上就會恢復「昨天是昨天，今天是今天，今天起更加努力」的正面態度。甚至有人不需要睡一個晚上，只要過三十分鐘就能振作起來，重新積極面對工作。最理想的狀態是「即使出錯也不沮喪」。

相反地，韌性低的人只要在公司遭到上司責罵，晚上躺在床上會反覆想著「明天不想去公司」而無法入眠，隔天早上起來也持續受到昨天負面情緒的影響，甚至以身體不適為由，發簡訊（不是打電話）向上司請假。

●未來需要的理由——人們進入更容易失敗的時代

‧需要的理由❶：遭遇失敗的頻率增加

根據世界衛生組織（WHO）的預測，「憂鬱症」將會是二〇三〇年對人類生命造成最大威脅的疾病（見圖7，圖右上的「Unipolar depressive disorders」指的就是

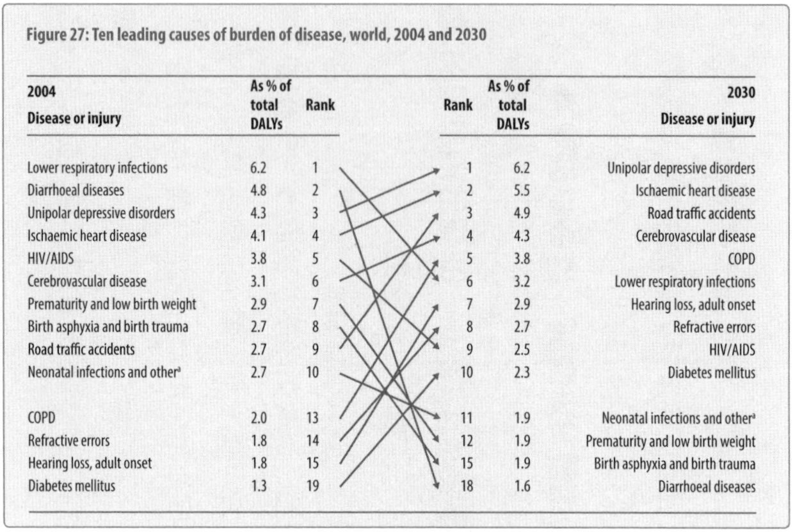

Figure 27: Ten leading causes of burden of disease, world, 2004 and 2030

2004 Disease or injury	As % of total DALYs	Rank
Lower respiratory infections	6.2	1
Diarrhoeal diseases	4.8	2
Unipolar depressive disorders	4.3	3
Ischaemic heart disease	4.1	4
HIV/AIDS	3.8	5
Cerebrovascular disease	3.1	6
Prematurity and low birth weight	2.9	7
Birth asphyxia and birth trauma	2.7	8
Road traffic accidents	2.7	9
Neonatal infections and other[a]	2.7	10
COPD	2.0	13
Refractive errors	1.8	14
Hearing loss, adult onset	1.8	15
Diabetes mellitus	1.3	19

Rank	As % of total DALYs	2030 Disease or injury
1	6.2	Unipolar depressive disorders
2	5.5	Ischaemic heart disease
3	4.9	Road traffic accidents
4	4.3	Cerebrovascular disease
5	3.8	COPD
6	3.2	Lower respiratory infections
7	2.9	Hearing loss, adult onset
8	2.7	Refractive errors
9	2.5	HIV/AIDS
10	2.3	Diabetes mellitus
11	1.9	Neonatal infections and other[a]
12	1.9	Prematurity and low birth weight
15	1.9	Birth asphyxia and birth trauma
18	1.6	Diarrhoeal diseases

圖7　WHO的預測資料

出處：《THE GLOBAL BURDEN OF DISEASE 2004 UPDATE》（https://apps.who.int/iris/bitstream/handle/10665/43942/9789241563710_eng.pdf#page=61）。

憂鬱症）。其背景原因是包含ＡＩ在內的科技加速發展。

隨著以ChatGPT為首的生成式ＡＩ出現，有愈來愈多業餘人士運用科技進入白領或創作者領域。

商業的世界也相同。原本市占率持續領先競爭對手的企業可能會突然被一家從出乎意料的方向運用新科技或商業模式的企業搶走市場，也就是說，遊戲規則一瞬間被改變的可能性愈來愈高。

此外，疫病大流行、國際紛爭、氣候變動等，造成社會不安定的因素增加，人們必須在不知道何時會發生什麼事的情況下生活、工作、投資。

我曾經參加以《猶太人大富豪的教導》（大和書房）一書出名的作家本田健舉辦的演講。雖然不記得完整的內容，但本田建在演講中說了下面這段話。

「我認為，關於世界、社會的未來預測，只有兩件事是確定的。其一是全世界所得的差距將持續擴大。另一則是世界情勢將變得愈來愈不安定。」

實際上，世界的發展正如他所預言。如同本書在〈技能⑤：未來預測力〉的章節所指出，正因為世界局勢不安定，未來也更加難以預測。

換句話說，過去有效的方法，未來未必有效。

這也表示，人類遭遇失敗的次數將會增加。

這一點非常重要，讓我再詳細地重新說明一遍。

挑戰沒有前例可循的未知社會，因為缺少可以效仿的成功案例，失敗的次數當然會增加。

無法像是參加有正確答案的考試那樣練習考古題。

過去在社會上可以根據經驗大概知道怎麼做會成功，但接下來的時代已經不適用以往的成功經驗。

然而，問題還是必須解決，同時也必須嘗試新的挑戰才能推動業務。

由於過去的正確答案不再正確，做什麼都可能失敗，失敗的次數也會增加。

如此一來，會有愈來愈多人覺得「我不行了」、「怎麼做什麼都失敗」，心理生病的人也會增加。

又或者，先進國家的人們失去工作、收入大幅下降、勞動環境惡化、無法適應科技進步，他們會質疑「自我存在價值」，自我認同意識也會受到動搖。

想必正是因為看到這樣的未來，ＷＨＯ才會預測「憂鬱症將會是二〇三〇年人類死亡的主因」。

・需要的理由❷：避免陷入負面思考

韌性高的人不僅可以很快地從失敗中振作，還有其他優勢。那就是，提高韌性時，會吸引其他韌性高的人聚集在身邊，發揮相輔相成的作用。

我也不掩飾（而且在我的頻道中大家應該已經發現），我是一個韌性非常高的人。至少我自己是這麼認為。

為此，我身邊也容易聚集韌性高的人。也就是所謂的「物以類聚」。

韌性高的人聚集在一起，無論是什麼樣的失敗、粗心或丟臉的經驗，大家都能夠一笑置之。而且不是說完就算了，多數時候都會引導到「下次應該怎麼做」的正面結論，討論氣氛熱烈。

因此，只要大家聚集在一起就非常開心，每次見面都十分熱絡，可以從中獲取活力。

這時就算韌性低的人靠近，也會被我們的堅強震撼而不再與我們聯絡。也就是說，我們不會受到負面思考的人影響。

如此一來，每天都很開心，人生也變得輕鬆許多。

●培養方法——試著做些平常不會做的事

提升「韌性」的方法恐怕只有一種，那就是重複經歷失敗。這裡的韌性指的是「失敗後重新振作的能力」、「不把失敗當作失敗的能力」，因此若想要磨練韌性，就只能重複經歷失敗。

・方法❶：跳脫舒適圈

關鍵就在於，有意識地養成跳脫舒適圈的習慣。

舒適圈（Comfort Zone，直譯是「舒適的空間」）在心理學指的是「沒有壓力或焦慮，可以保持舒適精神狀態的環境」。換句話說，以現有的知識和技能即可從容應對，不需要耗費精力的舒適狀態。

我們本能上不願意跳脫舒適圈，因為太舒適了，既不會失敗，也不辛苦。

然而，只要持續待在舒適圈裡，就無法提高韌性（見圖8）。

圖8　舒適圈、學習圈、恐慌圈

舒適圈的外側有學習圈（Learning Zone）。這裡是未知的世界，是自己現有的技能和知識無法應對的世界。位置就在舒適圈的旁邊，屬於很容易踏入的領域。

學習圈的外側還有恐慌圈（Panic Zone），不僅現有的技能和知識無法應對，而且是一個完全摸不著頭緒的領域。就像不會游泳的人，如果不小心腳滑掉進水深的泳池裡，就會陷入恐慌的狀態。因此，人們通常不會接近這個領域。

然而正如之前所說，接下來的時代可能隨時會發生意想不到的事情。也就是說，必須強制自己進入學習圈或恐慌圈。

為了做好提升韌性的準備，平時就必須學習慢慢將自己置身於學習圈當中。這麼說可能大家會感到害怕，但請不用擔心，先從任誰都可以做到的小小冒險開始嘗試。

下面是我在企業的員工訓練課程時會請員工實踐的四種方法，獲得「非常有效！」的好評。

・前往新的場所
・認識新的人
・閱讀新的書
・品嘗新的食物

・方法❷：品嘗新的食物

當中我特別推薦「品嘗新的食物」。這難度非常低，立刻就可以付諸行動。吃飯的時候，選擇從沒去過的餐廳，或是點從沒嘗試過的料理。

假設你中午固定會去某間定食餐廳，可以試著選擇過去有留意到但因為沒吃過而有些抗拒的料理。又或者嘗試踏入位在經常去的餐廳旁邊但從未光顧過的餐廳。

如何？不是太困難吧。如果因此發現新的美味食物，跳脫舒適圈的冒險就會變得有趣。就算不幸吃到不好吃的料理或餐廳，也會知道「啊，這家店不行」，從中學到教訓。

即使我說「請跳脫舒適圈」，多數人還是會覺得抗拒，因為我是在要求大家刻意離開舒適的環境。

然而，其實可以從簡單的事情開始嘗試。「前往新的場所」也是一樣，只要從很小的一步開始嘗試即可。回家的時候稍微繞一下路、去平常不會光顧的商店買東西、比平常早一站下車散步等，這些都可以。

・方法③：認識新的人

「認識新的人」也很有效。試著參加每次都婉拒的異業交流會，或者每次都是商品企畫室的人一起去喝酒，但這次嘗試邀請營業部的人參加。這麼簡單的小事就可以幫助你跳脫舒適圈。

也許會有意想不到的發現或趣味。

重點在於將這些小小的跳脫變成習慣，就會在不知不覺中不再抗拒脫離舒適圈。我在員工訓練課程中請大家實踐上述四種方法，他們都會告訴我：「脫離舒適圈不再那麼困難，反而變得有趣。」

負責規劃員工訓練的負責人也說：「公司內部的氣氛變了許多。大家的想法變得自由，感覺大家都更勇於挑戰。」

・培養時的注意事項

這是補充事項，並非注意事項。即使閱讀至此，可能還是會有人覺得「我想去我已經知道它很美味的餐廳用餐」、「跟熟悉的同事在熟悉的居酒屋，一邊喝著熟悉的酒，一邊抱怨上司，感覺很舒壓」。

我非常了解這樣的心情。這樣的環境真的很舒適。

但是至少試著意識到「啊，我最近都沒有做什麼新的事」、「我老是生活在舒適圈裡」。

只要有意識到這件事，或許明天就會有勇氣嘗試新食物或挑戰新事物。

如果覺得嘗試新餐廳很麻煩，那麼例如在超市買水果的時候，試著買一個平常自己絕對不會買的水果。這樣的小事也完全沒有問題。

我也希望大家可以誇獎勇於一小步、一小步跳脫舒適圈的自己。

自己讓自己開心！

技能
⑪
打掉重練

前人的智慧
可能無用

技能定義——完全捨棄過去的成功經驗

在這個激烈變化的時代，如果拘泥於過去的成功經驗或常識，有可能會造成誤判。

因此有必要大幅度改變自己的知識和想法。不是僅追加應用程式，而是必須升級整套作業系統。

大幅度改變自己的知識和想法，這就是「打掉重練」。

英國理論物理學家史蒂芬・霍金（Stephen Hawking）博士曾說：「智力是適應變化的能力。」借用霍金博士的話，有能力捨棄過去的成功經驗、將自己的大腦打掉重練的人，就是有智力的人。

● 未來需要的理由——善意的建議中潛藏著陷阱

・需要的理由❶：過去的成功經驗，未來可能成為阻礙

在現今社會，必須謹慎對待來自上司和前輩的建議，因為過去的成功經驗不但可能無用武之地，更有可能成為阻礙。

美國特斯拉和日本SOZOW都有採取相關對策，避免上述情形發生。SOZOW是提供線上學習的學校。因為各種原因不去上學的孩子，可以在線上學習畫圖或程式

設計等自己喜歡的課程。

特斯拉與SOZOW的共通點是積極雇用來自其他業界的人才。特斯拉雖然是電動汽車公司，但積極雇用汽車產業以外的人才。SOZOW則是雇用沒有教育相關經驗的人才，例如沒當過老師的人。

他們這麼做，主要是為了擺脫「汽車就應該如此」、「教育就應該如此」的既有概念或過去的成功經驗，聚集各式人才。

為了創新，就必須擁有打破業界常識的嶄新思維。也因此需要想法不受業界既有觀念、慣例、過去成功經驗束縛的人才。

企業也必須具備打掉重練的能力。

當職場中的上司或前輩提供「工作就是如此」或「人生就是如此」的建議時，上司的經驗可能已經不符合時代，如果直覺認為「過時了」，或許表面上可以假裝虛心接受建議，但不需要當真。

要特別注意口頭禪是「應該這麼做」、「通常都是這麼做」、「一般而言是這麼做」的上司。如果依照他的建議累積技能，有可能五年後就被科技取代，必須特別謹慎。

事實上，這樣的上司才真的需要趕快打掉重練。

‧需要的理由❷：增加人生的選項

打掉重練的能力，換句話說就是「識別其他許多選項的能力」。提供「工作就是如此」這種建議的上司和前輩，他們並未擁有除此之外的選項。受限於既有概念的上司，在成長的過程中，不知不覺地自己刪除了其他選項。

事實上，兒童就擁有許多選項，因為他們沒有受到「常識」的束縛。前幾天，我九歲的女兒畫了一條鯨魚。鯨魚的身體散發彩虹的光芒，而且背上還長出了翅膀。這是大人畫不出來的圖。

繪畫本來就是自由的，但大人會認為「鯨魚應該是這個顏色」、「形狀應該如此」，被名為常識的枷鎖限制想法。

在商業場合上，想法更是受到束縛。例如負責開拓新顧客的業務長時間在辦公室裡對著電腦工作，上司或前輩可能就會說：「你到底在做什麼？業績是用腳跑出來的。不要一直待在辦公室，趕快出去跑客戶。」

然而，世界正在急速變化。顧客如果想要某項商品或服務，不用等待業務說明，自己就會主動透過網路查詢，也可以比較全國廠商的規格和價格。

在這樣的時代，即使業務帶著目錄和報價單拜訪，站在顧客的立場來說，甚至有可能因為寶貴的時間被耽誤了而感到不愉快。或者顧客現在明明不需要這項產品卻仍然去拜訪，那麼只是徒勞之舉。

現在可以利用行銷自動化（Marketing Automation, MA）工具，只要登錄顧客清單和每個顧客的屬性資料，就可以分析顧客瀏覽了網站的哪些部分或下載了哪些資料等歷史紀錄，告訴我們應該何時提案以及提出什麼建議。

在正確的時間點提案可以提高簽約機率，必須說，「亂槍打鳥」、「鍥而不捨」

的業務推廣方式非常沒有效率。

當然，最後關頭還是需要人出面，但在此之前，借助科技的力量更有效率，可以大幅提高銷售業績。

然而如果不了解顧客的環境變化，或是不知道MA工具，可能還是會持續遵循傳統型上司的指示，相信「業績是用腳跑出來的」。

我們需要打掉重練的能力。

・需要的理由❸：不受錯誤建議干擾

二〇二三年三月三十一日，義大利宣布國內禁止使用ChatGPT。*日本鳥取縣

＊NHK，〈義大利暫時禁止使用「ChatGPT」　疑似非法收集資料〉（https://www3.nhk.or.jp/news/html/20230401/k10014026391000.html）。

也在同年四月二十日宣布縣府相關業務禁止使用 ChatGPT。然而，兩者禁止使用 ChatGPT 的理由大不相同。*

義大利是以 ChatGPT 使用者的個人資訊外流為理由禁止。為此，開發 ChatGPT 的 OpenAI 提供對策，義大利於是在四月二十八日解除禁令。†

另一方面，鳥取縣的平井伸治知事提出「ChatGPT 比不上一步一腳印」，他認為比起使用AI，人們一步一腳印地工作，更符合民主精神，因此限制縣府職員的電腦使用 ChatGPT。

平井知事表示：「如果問到哪一個更重要，我認為即使灰頭土臉，但親手收集到的資料更有價值。地方的事務就是要大家根據實際情況在議會討論找出答案，這才是地方自治，沒有機器介入的空間。」

例如：擬定增加居民的計畫時，如果以 ChatGPT 製作用來討論的企畫草案，一個職員或許只需要花費數十分鐘至數小時就可以完成。

然而平井知事卻認為，耗費數個職員寶貴的工作時間，大家聚集在會議室裡，經過數日會議討論來擬定企畫案，這是很有價值的。

這種觀念已經過時了。

我認為，應該盡量從 ChatGPT 獲得更多的企畫想法。以生成式ＡＩ提出的眾多想法為基礎，之後人們再一起充分討論。

以科技快速產出的內容為基礎，將其精緻化，發展成對縣民更有利的企畫案並付諸實行。這正是只有人類才能做到的工作。

同樣是地方自治，神奈川縣橫須賀市則開始實驗性地導入 ChatGPT，而中央的農林水產省也開始考慮在業務上運用 ChatGPT。

＊ 朝日數位新聞，〈鳥取縣公務禁止使用 ChatGPT 知事要求一步一腳印〉（https://www.asahi.com/articles/ASR4N4TS2R4NPUUB004.html）。

† ＮＨＫ，〈義大利解除暫時禁用 ChatGPT 措施〉（https://www3.nhk.or.jp/news/html/20230429/k10014053511000.html）。

很難期待像平井知事這樣的人打掉重練。因為他過去擁有輝煌的成績和成功的經驗。

我不是建議無法打掉重練的人打掉重練，而是希望不要認真接受那些無法打掉重練的人所提供的建議。

我剛才提到，打掉重練的能力就是「識別其他許多選項的能力」，隨著科技進步，選項只會愈來愈多。

之前在〈技能⑧：管理力〉的章節中，介紹了唐鳳認為的美好未來是：「每一個人的多樣性獲得認同，人生選項增多。」

因此，選項少的人在提供建議時可能沒有意識到接受建議的人還有其他多種選擇，因此給出錯誤的建議，這一點必須特別注意。

尤其是年輕人的社會經驗和人生經驗不足，容易認為上司和前輩說的都是對的。

●培養方法——嘗試去無法套用自己常識的地方

・方法❶：參加異業交流會

培養打掉重練的能力，意味著意識到自己還有其他許多選擇，並捨棄過去的成功經驗和偏見，因此若是以商業來說，與其他公司或不同業界的人交流，是一個有效的方法。例如參加異業交流會等。

如果只是與公司的上司、前輩、同事交談，或是參加同業交流會，那麼就會覺得這個業界就是如此、工作就是如此，以為狹隘的世界就是全部。

然而，如果能夠和其他公司的人或其他業界的人交流，才會發現「原來還有這種做法！」或「這個做法也適用於我的業界」，進而得知目前的潮流趨勢，跳脫原本狹隘的世界，看到更多的選擇。

如此一來，升級自己大腦的機會增加，也更容易想出創新的點子。

・方法❷：前往海外

個人生活方面則可以試著前往平常不會去的地方，尤其推薦海外。到海外接受文化衝擊，對於增加選擇來說是很好的刺激。

例如我造訪馬來西亞時，看到星巴克的店員穿戴尼卡布（Niqab）。「尼卡布」是穆斯林婦女穿戴的一種面紗，遮蓋住除了眼睛以外的整張臉。

一開始，這帶給我有些可怕的印象，但也讓我察覺「世界上有許多擁有不同文化的人」，重新思考接納多元化社會所代表的意義。

到了休息時間，有別於日本的店員是會進入後面的休息室，該家星巴克的店員坐在一般客人的座位上喝著咖啡，講電話的聲音比誰都大。如果是日本，想必總公司會接到客訴電話，但據我當場所見，其他客人似乎完全不介意，代表對他們而言這是稀鬆平常的事。

另外，我造訪美國的時候，站在賣場貨架前挑選果汁，旁邊來了一位男士，他拿起貨架上的果汁當場喝了起來。

——什麼？這個人還沒付錢欸！

我心想，這是偷竊吧，於是跟在這位男士的後面，看到他拿著果汁空罐去櫃檯結帳。收銀員若無其事地讀取空罐的條碼告知金額，那位男士也若無其事地付錢。

——原來還可以這樣！

這對我來說是衝擊性的一幕，後來我才知道，這在美國是隨處可見的光景。洋芋片也是結帳前就打開來，一邊吃一邊去櫃檯結帳。也有人直接從冰櫃拿了冰淇淋就立刻吃了起來。

不過，因為有結帳，所以不算偷竊。（笑）

差別僅在於是結帳後吃、吃後結帳，或是邊吃邊結帳。

造訪新加坡的時候也一樣，孩子們過了晚上十點還在放煙火。我以為是什麼特殊的節慶，後來才發現幾乎天天如此。這讓我意識到，原來「晚上請保持安靜」是日本的常識。

我舉這些例子不是在討論這些行為是否違反禮節。在日本以外的地方存在這些行為和想法，僅是認知到這一點，就足以打破自己的常識和禮節觀念。聽起來或許有些誇大，但既有觀念的建立和屏除，有助於大腦打掉重練。正如畢卡索的名言：「所有的創造都是從破壞開始。」

回到日本之後，「以前以為不行，但或許這樣也行得通，姑且試試看吧！」選擇或許就因此增加了。

是否可行是一回事，但是想法會變得更有彈性。若想要打掉重練，就必須捨棄過去的成功經驗和常識。關於「捨棄的能力」，之後還會詳述。

・方法❸：多方面嘗試

另外一個可以認識到還有其他許多選項的方法，就是多方嘗試，也就是刻意繞遠路。

例如想要在某個領域取得成功，與其專注在該領域的學習或訓練，不如也多方嘗試其他領域，繞一點遠路，反而可以成為見多識廣的專家。

關於這一點，之前介紹的《跨能致勝》，書中根據某個研究結果寫出下面這一段話。

「與較晚決定專業的人相比，較早決定專業的人在大學剛畢業的時候有較高的收入，但晚起步的人更能找到符合自己技能和特質的工作，遲早會後來居上。許多研究也顯示，關於科技研發，曾經在各領域累積經驗的人，往往比專精某個領域的人更能提出具創意和影響力的發明。」

據說 Google 有一個「二〇％的法則」。員工可以利用二〇％的工作時間去做固定業務以外任何想做的事。

即使是 Google 的優秀員工，如果一〇〇％的工作時間都在做固定的業務，可能會受限於過去的成功經驗。因此才會刻意規定二〇％的時間可以忘掉現在的工作，讓大腦有機會打掉重練。

・培養時的注意事項

《跨能致勝》同時介紹了專精於一個領域的相關風險的研究結果。「隨著專業化的傾向加劇，出現了『平行的壕溝』。每個人都專注於挖深自己的壕溝，別人的壕溝裡或許有解決自己問題的答案，卻鮮少起身看看別人的壕溝。」

這裡所說的「壕溝」，與我所說的「過去的成功經驗」相同。過度專注於挖深自己的壕溝，反而看不見旁邊的壕溝，我完全同意這種看法。

技能⑫

自我負責力

傾向於責怪別人的社會

技能定義——首先思考責任在己

無論工作或生活，我們總會面臨各種麻煩。當問題發生時，不要直覺性地怪別人、怪社會，或是怪天氣等自然現象，而是首先思考自己是否有責任，這就是「自我負責的能力」。

如果養成將責任歸咎於自己以外的人事物，那麼只會重蹈覆轍，自己也無法成長。

●未來需要的理由——怪罪他人不會有任何改善

・需要的理由❶：隨著差距擴大，人們傾向歸咎自己以外的原因

邁向二〇三〇年，包含日本在內的已開發國家，貧富差距將愈來愈大。吉尼係數是衡量貧富差距的指標，數值介於0到1之間，完全沒有貧富差距的狀態是0，差距最大的狀態（一個人獨占所有所得的狀態）是1。

已開發國家的吉尼係數都在逐漸上升，代表貧富差距持續擴大（見圖9）。

貧富差距今後也將持續擴大。當以AI為首的科技融入社會，懂得運用科技的少數人與部分或全部工作遭到科技取代的多數人之間，所得的差距將會擴大。

例如根據美國二〇一九年的統計，一〇%的富裕階層持有美國整體七二%的財富。＊

＊美國國會預算辦公室（CBO: Congressional Budget Office），〈Trends in the Distribution of Family Wealth. A989 to 2019〉（https://www.cbo.gov/publication/57598）。

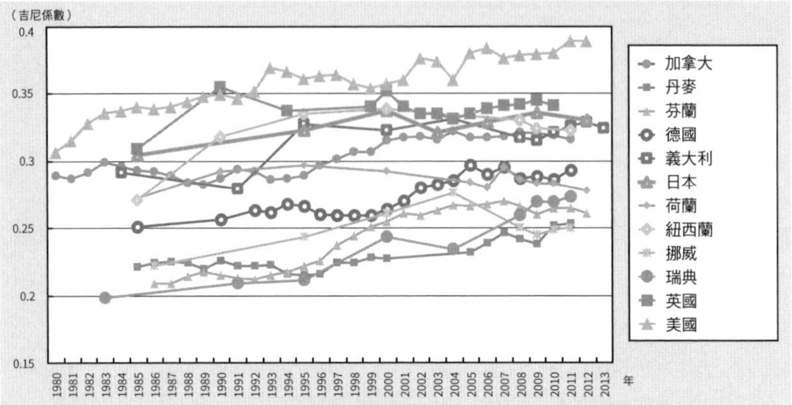

資料：出自 OECD. Stat（2017 年 3 月 9 日檢閱），厚生勞動省政策統括官政策評價官室製作。
注：1.「吉尼係數」是代表所得分配公平程度的指標，數值在 0 到 1 之間，愈高代表差距愈大。
2. 顯示等值可處分所得的吉尼係數變化。

圖 9　OECD 主要國家吉尼係數變化

出處：厚生勞動省，《2017 年版厚生勞動白皮書（2016 年度厚生勞動行政年次報告）：社會保障和經濟成長》，頁 28（https://www.mhlw.go.jp/wp//hakusyo/kousei/17/dl/all.pdf#page=42）。

我認為政治的使命是救濟弱者。實際上有沒有做到是一回事，但「經濟」原本的意思是中國古籍所說的「經世濟民」，也就是「治理世事，救濟人民」。

當政治無法充分發揮功能，世界貧富差距擴大將造成社會不安定，因此無論是哪一個國家的政治家，都希望縮小貧富差距。

然而，即使各國認真採取縮小貧富差距的對策，貧富差距恐怕還是無法縮小。關於這一點，我屬於悲觀主義者。

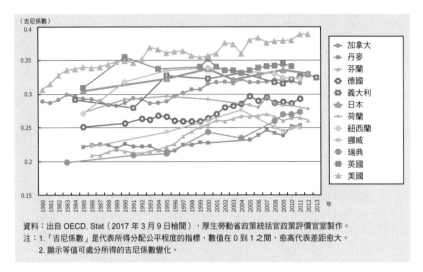

換句話說，圖9所呈現的逐漸上升的趨勢，之後也會持續逐步上升，貧富差距將進一步擴大。

會這麼說，是因為可以預測未來懂得運用以AI為首的科技提升生產效率的人可以獲得高報酬，而不會使用科技的人將會失去工作或只能從事低報酬的工作。

當然，政治家為了解決國民的不滿，會努力阻止這個趨勢，但無論是在地方議會或國家議會，政治家的素養是否趕得上科技進化的速度，這一點令人存疑。如此一來，我預測法律的制定或調整將無法跟上步伐。

請大家想像一下，在這種情況下會發展出什麼樣的未來。對自己的人生感到不滿的人們可能會將原因歸咎於研發科技的人、運用科技謀取個人利益的人，或是沒有做好所得重分配的政治家，怪罪他人的念頭只會變得愈來愈強烈。

・需要的理由❷：工作型雇用的普及，將使評價更嚴格

日本逐漸從過去主流的會員型雇用轉變為工作型雇用。

當工作型雇用普及，比起學經歷，工作能力將更受到重視。如此一來，只是認真完成被交代的工作會很難受到肯定，擁有何種技能、能夠取得何種成就才是評價的主軸。

對有些人來說，可能會感覺得不到充分評價，薪水也難以提升。當工作失去成就感或無法獲得滿意的報酬時，這些人可能會認為錯在奪走他們工作的科技、貪婪資本家的過度剝削，或是只為利益而動的政治家。

又或者從身邊追究責任，都是上司不好、同事不好、下屬不好、客戶不好、妻子或丈夫不好。

換句話說，人們傾向將責任推給他人，而非責備自我。

說句不好聽的，貧窮的人只會愈來愈貧窮。這是因為，將責任歸咎於他人，不會

有任何改善。

並且，責怪他人會成為習慣。當問題發生時，會習慣性地先思考自己以外的人該負什麼責任。

這樣就不會有改善自己的意願，也無法付諸行動，等於是放棄了自我成長的機會。因為「自己沒有錯」。

如果能反省自己是否有責任，就能思考改善狀況的策略，進而付諸行動。

如此就會成長。

例如：自己非常努力工作卻得不到好的評價，無法升職加薪。而且覺得工作很無趣。這時如果得出的結論是上司不好、公司不好，那就無計可施了。

但是如果能思考「造成這種狀況的原因是否在自己身上」，就會看到不同的事物。可能會覺得，或許是因為工作方法不夠聰明，或是工作表現沒有被看到。或者可能會想到，同事田中先生總是開心工作，下次約他喝酒諮詢一下。

又或者自己雖然隱隱約約感覺不適合現在的部門，但覺得申請轉調太麻煩；也可能是自己選擇公司的方式錯了，應該試著換工作。你會開始思考改善狀況的策略，並付諸行動。

如此一來，無論原因為何，想必都會得出自己必須更進一步成長的結論。

這樣的話，就有必要提高工作效率並培養本書介紹的「自我展現力」。如果想要轉調部門，則必須做出成績，證明自己適合該領域的工作，取得相關證照或許也是有效的方法。

如果要換工作，在收集分析業界和企業資訊的同時，也有必要學習如何提升自己的市場價值。

●培養方法——區分自己的問題和別人的問題

下面提議兩種培養「自我負責力」的方法。

・方法❶：訓練區分自己的問題和別人的問題

第一種方法是當個人生活或工作出狀況的時候，訓練區分自己的問題和別人的問題。

讓我以牽馬到河邊喝水的比喻故事來說明。

人可以用繩子牽馬到河邊，但要不要喝水是馬的問題。即使跟馬說：「接下來的路程很長，喝點水吧。」但如果馬不覺得渴，就完全不會喝水。這時候在一旁著急也無濟於事。

自己可以做的就只是牽馬到河邊，要不要喝水是馬的問題，無法操之在己。

就像這樣，我們必須區分這是自己可以解決的問題，或是自己無法解決的問題。

假設你是一名銷售代表，向潛在客戶推銷時，對方表示會積極考慮，於是你便覺得「很有希望！應該之後就會簽約」。然而，因為出乎意料的疫情影響，客戶的公司破產倒閉。

在這樣的情況下，無法簽約也是無可奈何的事，不需要責怪自己或覺得沮喪，因為這是自己無法控制的原因所造成的結果。我們應該確實區分。

如果出狀況的原因明顯在自己可控範圍之外，那麼自己就沒有責任，不需要因此洩氣，發揮本書介紹的「韌性」（失敗後重新振作的能力），淡然地轉換心情，投入下一個工作。

然而，下面這個例子又如何呢？

假設客戶的公司沒有倒閉，原本以為可以簽約，幾天後卻接到拒絕的電話。詢問客戶拒絕的理由，得到的回答是：「這次我們決定和設身處地為本公司找出許多問題並做出細節提案的其他公司簽約，不好意思。」

「無法簽約」的事實不變，但這時候可以和客戶倒閉時一樣，將原因歸咎給他人嗎？

我不這麼認為。我認為這時必須發揮自我負責力。

提案已經結束，是否簽約的決定權在對方身上，乍看之下會覺得是他人的責任，但銷售代表真的有竭盡全力做了所有能做的事嗎？

從這個角度思考，正是發揮自我負責力的表現。

- **「自己確實站在客戶的立場找出所有問題了嗎？」**
- **「提案資料是否完美無瑕？」**
- **「提案的時候似乎只是單方面推銷自己公司的商品」**
- **「客戶表示會積極考慮之後，以為已經確定可以簽約，沒有主動跟對方保持聯絡」**

必須自我反省。

這時如果抱怨「真是捉摸不定的客戶。提案的時候明明一副願意簽約的樣子」，以這種態度怪罪他人，相信下次還是會重蹈覆轍，無法成長。

若能將無法簽約視為是自己的責任，那麼下次就可以站在客戶的立場，和客戶一起找出客戶面臨的問題，思考如何解決這些問題並進行提案，如此就能夠成長。

再舉一個例子。

假設你經營一家小型翻譯公司。最近接到的案子大幅減少。詢問重要客戶後發現，每個客戶都表示只要使用 ChatGPT 就會自動翻譯，之後只要稍微潤飾一下就堪用，不需要特地委託翻譯公司。

「你知不知道要花多少時間學習外語並磨練翻譯技巧才能在翻譯界立足？ＡＩ真是可惡！」如果抱持這種責怪他人的態度，現實世界不會有任何變化。ＡＩ大幅提升機器翻譯技術早就已經是熱門話題。

也就是說，我們應該要意識到，單純的翻譯公司不久之後就會成為夕陽產業。

應該可以提早做好準備，例如專攻某個特定領域的翻譯，或者即使同樣使用ＡＩ，也可以透過專業知識的運用，提供高精準度、低成本且交期短的服務，又或者提升自己使用ＡＩ的技巧等。

如果我是翻譯公司的經營者，過去負責將餐廳的菜單翻譯成英文，現在我可能會改變公司模式，不僅僅只是將菜單翻譯成英文，而是更進一步提供會讓外國遊客想要選擇的菜單設計，或是展示會讓人想點餐的照片、外國遊客可能喜歡的料理名稱，以及會讓外國遊客忍不住駐足的招牌設計等。

如此就可以從僅是接受翻譯委託的公司，轉型成為有助於提升外國旅客銷售額、具有附加價值的翻譯公司。價格不僅不會因為與科技競爭而下降，反而會上升，因為發揮了本書介紹的「問題發現力」，為客戶解決問題。

餐廳的主要目的不是提供英文菜單，而是提升外國旅客的銷售額，不可誤判問題的本質。

換句話說，客戶減少不是科技的錯，而是沒有提前準備好對策的自己必須負起責任。

・方法❷：隨時設想最壞的情況

第二種培養方法就是隨時設想最壞的情況。設想最壞的情況，自然就會思考對策。設想最壞的情況可以提升腦部運作。

以上述的銷售代表為例，如果能夠設想最壞情況是「客戶雖然說會積極考慮，但沒有保證一定會簽約。說不定最終無法成交」，行動就會改變。例如提早安排下一次會議、追蹤進度等。

或者，做為備案，可以提前與其他有希望的客戶洽談，如此一來，即使該客戶最終沒有簽約，也能達成銷售目標。

在設想最壞的情況時，自我負責的想法必定會像磁鐵一樣緊緊黏著我們。

・培養時的注意事項

在培養自我負責力的時候，必須注意不要過度訓練，導致凡事自責。

在〈技能⑩：韌性〉的章節也有提到，接下來的世界愈來愈難預測，因此人們失敗的機會將會增加，也就是，不如意的事情將會增加。

因此，如果每次失敗都歸咎是自己的責任，那麼心理可能會生病。尤其是敏感的人要特別注意。

人有時候需要「逃離力」。關於這項技能，之後會再詳加說明，重點在於必須時刻衡量這是否有助於自己的成長，並保持平衡。

技能⑬ 批判性思考

質疑「資訊正確嗎？」

●技能定義——不輕信資訊，保持懷疑並自己查證

我在〈技能①：一手資訊收集力〉的章節中也有提到，我們經常輕信來自網路、電視、報紙、雜誌或書籍的二手、三手資訊。

尤其容易受到網路新聞、社群媒體、電視新聞、評論員的影響。

然而，世界上充滿各種奇奇怪怪的資訊。在接收資訊的時候，必須具備提出質疑

的能力：「這是正確的資訊嗎？」、「是否有值得信賴的依據？」、「傳遞這項資訊的意圖為何？」

這就是「批判性思考」。

●未來需要的理由——人和AI都會說謊

・需要的理由❶：AI會若無其事地說謊

在現代，接收資訊的工具相當多元，資訊十分氾濫。尤其可以預測接下來將會出現大量由AI生成的資訊，真假難辨。

就連相對值得信賴的報紙、雜誌、書籍，也不見得完全正確。此外，電視節目的資訊很可能迎合贊助商，媒體報導也有可能刻意引導風向。

換句話說，對所有資訊都要抱持懷疑的態度。

這時必須有能力質疑資訊是否正確、是否值得信賴，也就是必須進行批判性思考。

「Critical Thinking」翻譯為批判性思考，指的是凡事不盲目接受，能夠從多方面檢視，並以客觀且合乎邏輯的方式理解事物。

聽起來有些複雜，簡單來說就是質疑「這是真的嗎？」的能力。

例如：生成式ＡＩ是在查找資料時非常方便的科技，但必須對其結果抱持懷疑的態度。實際上，美國發生過一起與生成式ＡＩ可信度相關的事件。一位律師引用了ChatGPT生成的虛假判例。*

這名律師是美國紐約的史蒂芬．施瓦茲（Steven Schwartz），他在民事訴訟案件當中引用了ChatGPT生成的判決先例。

一名男性旅客在飛往紐約的飛機上因為被餐車撞到而對航空公司提起訴訟。

施瓦茲律師提出了六件過去的判決先例，但紐約州聯邦法院的法官確認後卻發現這些並非是真實存在的判例。法官於是詢問這些判例的出處，才知道是使用

ChatGPT 進行查找所得出的結果。

這件事引起軒然大波，施瓦茲律師也因此遭到罰款。本書在〈技能⑧：管理力〉的章節提到，科技做錯事是無法負責的，被問責的是使用的人或研發的人，這個例子正是最好的證明。

施瓦茲律師擷取部分 ChatGPT 找到的判例並要求 ChatGPT 驗證這些判例是否為真，結果 ChatGPT 回答這些都是真實的案例，可以在具有公信力的法律資料庫裡找到。根據施瓦茲律師所說，他以前沒有使用過 ChatGPT 當作資料來源，沒想過 ChatGPT 提供的資料有可能是假的。

這就是生成式AI的可怕之處，它可以若無其事地說謊。因此我們必須培養批判性思考的能力，質疑「這個資訊是真的嗎？」並親自確認第一手資訊。

---

* Ars Technica, Lawyer cited 6 fake cases made up by ChatGPT; judge calls it "unprecedented" (https://arstechnica.com/tech-policy/2023/05/lawyer-cited-6-fake-cases-made-up-by-chatgpt-judge-calls-it-unprecedented/).

・需要的理由❷：可疑資訊的流通量增加

話雖如此，有人認為生成式ＡＩ產出的文章相當出色，即使謹慎小心，恐怕也很難分辨究竟是否出自人手。

然而，這樣的意見本身就搞錯了方向。

重點不在於文章究竟是出自ＡＩ或人，無論是誰寫的文章，都必須質疑資訊的可信度，並加以查證。

順帶一提，沒有實際進行採訪取得一手資料，而是從網站、部落格、社群媒體等處取得資料撰寫文章，這樣的作者在日本被稱做「暖桌作者」，這些人所寫的文章則被稱做「暖桌報導」。

然而，不是只有暖桌作者才會寫出可疑的文章。即使是專業作者、記者、新聞編輯，如果受訪對象的想法偏頗，或錯誤解讀一手資料，也有可能寫出可疑的文章。

因此，這裡不是在討論「科技 vs 人類」，而是迄今為止已經有許多可疑的資訊流通，而今後科技也將生成可疑的資訊，「可疑資訊的傳播量急劇增加」才是最大的問題。

正因為如此，我們更需要鍛鍊批判性思考的能力。

・需要的理由❸：我們被教育要相信大人的話

我們或許強烈傾向無條件接受流通在世界上的資訊。我認為這是受從小到大的教育或管教影響。

許多孩子都被大人教導「要聽父母的話」、「要聽老師的話」，或是「要聽兄姊和長輩的話」。

然而，猶太小孩接受的家庭教育是「不可完全聽信父母或老師的話」。不覺得這是一件很了不起的事嗎？

這樣的想法可說是超乎我們日本人的常識。父母竟然教育自己的孩子「不要輕信父母說的話」。我認為這也是猶太人有許多優秀人才的原因。

●培養方法——也要留意相反意見

批判性思考是必須立刻培養並付諸行動的技能，因為必須盡早識破錯誤的資訊。

為此，下面分成初級、中級、上級、超上級，介紹培養批判性思考能力的四種方法。

・方法❶：初級——刻意接觸相反意見

首先是初級的方法，刻意接觸與自己喜歡的作者或意見領袖持有相反意見的人所說的資訊。

如果僅接觸喜歡的作者或意見領袖所說的意見或資訊，會產生回聲室效應，以為讓自己感到舒適的意見或資訊是社會主流。

這時應該刻意接觸相反或不同的資訊。

然而不要無限追尋相反意見或不同資訊，適當即可。否則會被偷走太多時間。重點在於培養凡事都要從多角度、多層面思考的習慣。

・方法❷：中級——進行辯論

中級的方法是進行辯論。現在有許多針對企業或個人提供實體或線上辯論研討會的服務，建議不妨查找看看。

必須注意的是，辯論不是相互主張自己的意見，而是針對某一個主題和結論分為正方和反方進行討論。這時並非是根據個人的想法分成正方或反方，而是強制性地被分為正方或反方。這是重點。

無關個人意見，被分配到正方的人必須做出贊成的主張，被分配到反方的人則必須做出反對的主張。

例如針對是否贊成工作導入 ChatGPT 進行辯論，即使你實際上贊成，但如果被分配到反方，就必須提出反對的意見，這是辯論的規則。

透過辯論的訓練，凡事就能夠從正反兩方的角度思考。

・方法❸：上級——建立自己的工作風格和生活原則

上級的培養方法就是建立自己的工作風格和生活原則，也就是擁有判斷事物的基準，或許也可以說是找到自己的定位。

當面對某個問題或狀況，必須靠現在得到的資訊做出判斷，這時如果無法思考，代表你沒有自己的判斷基準。如果沒有自己的判斷基準，就會試著收集各種知識，因為知識不足才會無法思考。

電視上可以看到，有些人無論被問到什麼問題，都能夠立刻明確表達自己的意見。或許有些人會覺得這些人很帥氣，無論被問到什麼問題都能回答。

這些人之所以對任何話題都能立刻明確表達自己的意見，並不是因為他們博學多聞，而是因為他們擁有自己的判斷基準。對自己的定位搖擺不定的人，無論問他什麼，他都會猶豫不決，拿不定主意。

The Breakthrough Company GO 負責人三浦崇宏在著作《言語表達能力：說出來就可以改變人生》（SB Creative）中，提到下面這段話。

他說，當自己的孩子問他是否贊成提早讓孩子接觸智慧型手機時，他立刻回答贊成。

三浦崇宏既不是兒童腦科學專家，也不是教育專家，更不曾比較接觸智慧型手機的孩子與沒有接觸智慧型手機的孩子在成長上有何差異。也就是說，關於這個問題，他不具有專家的知識。

但是他的回答沒有一絲猶豫。

為何三浦崇宏能夠毫不猶豫地立刻回答呢？那是因為他擁有自己的判斷基準，認為讓孩子接觸最新科技可以培養他們的彈性和適應能力。

如果沒有這樣的信念，例如在電視上看到自稱教育專家的評論員說智慧型手機恐怕對孩子的成長造成不好的影響，可能會立刻照單全收，心想：「原來如此，那麼就算孩子對智慧型手機有興趣也不要讓他接觸。」

第二天又在雜誌上看到另一位專家的文章，主張未來在職場上，ＩＴ工具的應用能力將與日語能力一樣重要，因此必須讓孩子從小習慣接觸智慧型手機等數位設備，馬上又會覺得：「還是給他們智慧手機，讓他們提早適應。」意見搖擺不定。

剛才我提到接觸相反意見的重要性，再加上自己的判斷基準，就能夠以批判性思維看待事物。如果沒有自己的判斷基準，容易受到當下心情的影響，即使與自己的意見相反，也可能因為是出自名人或有識之士的意見就不自覺地接受。

因此，為了提升批判性思考的能力，即使可能出錯，也必須擁有自己的判斷基準。

・方法❹：超上級——質疑自己

超上級的方法是培養質疑自己的能力。

批判性思考是對所有資訊都抱持質疑的態度，但有一個對象我們經常忘記質疑，那就是自己的主觀認定。

「Critical Thinking」大都被翻譯為批判性思考，批判的對象也應該包括自己的想法。

心理學家澤企麥斯特（Eugene B. Zechmeister）和強生（James E. Johnson）在共同著作《批判性思考　實踐篇　引導你思考的50個原則》（北大路書房）當中指出，明明沒有確實理解，卻「以為已經理解」，這種現象稱之為「錯知」，而引起這個現象的原因是「預設假定」。

「預設假定」是指我們傾向認為自己已經正確理解某事物，除非有人提出警告，否則我們會假定自己應該已經理解讀取或聽取的事物，也由於沒有特別感到疑惑，因此不會努力確保自己的理解正確。

因為我們有這樣的傾向，比如說當我們閱讀了某則報導，閱讀到一半就自以為「啊，講的就是那件事」而覺得已經理解，在這樣的情況下，即使報導最後提到的觀點與自己的見解不同，可能也不會察覺。

此外，該書也指出，不深入思考的原因在於我們進行的是不帶有條件的「絕對思考」，而不是帶有條件的「有條件思考」。而且「有條件思考」和「絕對思考」都很容易受到他人誘導。

書中還介紹了哈佛大學進行的實驗。實驗內容如下。

將大學生分為兩組，向其中一組展示類似橡膠彈力帶的東西，並以絕對式的句型說明：「這是給小狗啃咬的玩具。」向另一組也展示同樣的橡膠彈力帶，但以有條件式的句型說明：「這可能是給小狗啃咬的玩具。」

之後分別向兩組受試者表現出因為找不到橡皮擦而苦惱的樣子，並問學生怎麼辦，這時接受絕對式句型說明的組別當中沒有任何人提出解決方案，但接受有條件式句型說明的組別當中，則有大約四〇％的學生提議可以試著用橡膠彈力帶代替橡皮擦。

真是一個有趣的實驗。原來我們平常思考時就是受到自己先入為主的觀念束縛。超上級批判性思考的目標就是要培養質疑自己固有觀念的能力。

我工作室的牆壁上貼有愛因斯坦的名言：「常識就是人到十八歲為止所累積的各種偏見。」（Common sense is the collection of prejudices acquired by age 18.）我認為「十八歲為止」是指學校畢業為止，但這真的是很有道理的一句話。

我隨時將這句話謹記在心。

‧培養時的注意事項

每當我在 YouTube 公開未來預測影片，就會收到各式留言。尤其經常收到這類提問：「接下來應該要取得什麼證照？」、「跳槽到哪一個業界比較安穩？」

相信留言者很希望有人可以告訴他正確答案。然而，容我說一句：「這種事誰也不知道。」

重要的是，尋求最適合自己的解答並付諸行動，沒有人可以提供正確答案。

每個人的資質、性格、擅長與不擅長、喜愛、工作中追求的成就感、理想的薪水等，皆不相同。此外，接下來社會的變化將會更加劇烈。有這麼多的不確定要素，當然不可能有正確答案。

這些人想必沒有以批判性思維看待事物。在看完我的 YouTube 影片之後，只要能夠從中獲得靈感，再發揮本書提到的「自我負責力」，自己思考後採取行動即可。

不改變想法，也不採取行動，卻渴望尋求正確答案，這是依賴他人的表現。如果事情不順利，就可以歸咎提供建議的人，這樣的人自我負責力很低。

無法進行批判性思考的人，當他的面前出現一個有如教主一般的人告訴他：「這就是人生的正確答案！」、「你應該這麼做！」他很可能就會照做，這是一件很可怕的事。

說個題外話，我認為，在未來充滿不確定性的社會，接下來一定會出現愈來愈多提倡「只要照我說的做，就可以找到人生正確答案」的可疑組織。為了避免被這樣的組織欺騙，也必須培養批判性思考的能力。

技能⑭ 閱讀力

只要閱讀
就能自學

技能定義——養成閱讀習慣

你是否也覺得，許多商業書籍都強調「閱讀很重要」，怎麼友村晉現在才在講閱讀？

只要你看完這一章，相信就可以理解為何我現在要強調閱讀的重要性。

「閱讀力」指的是閱讀書籍自學的能力，同時也是保持閱讀習慣的能力。

閱讀主要可以分為文藝作品和散文等做為興趣或娛樂的閱讀；啟蒙書、歷史書、哲學書等提高素養的閱讀；實用書、商業書等追求實際利益的閱讀；其他還包括自我啟發書籍，以及經濟、科技、商業等與世界動向相關的閱讀。

本書提倡的「閱讀力」主要針對可以帶來實際利益的閱讀和掌握世界動向的閱讀。

●未來需要的理由——解決煩惱的對策已經寫在書裡了

‧需要的理由❶：不可信賴的資訊氾濫

經濟學家野口悠紀雄在投稿《現代商業》的專欄〈生成式ＡＩ或許會讓凋零的報紙和電視逆勢興起〉中，以「爛檸檬的流通」比喻生成式ＡＩ導致低品質的資訊流通。＊

＊現代商業，〈生成式ＡＩ或許會讓凋零的報紙和電視逆勢興起〉（野口悠紀雄）（https://gendai.media/articles/-/108966）。

這個比喻是引用美國諾貝爾經濟學獎得主喬治・斯蒂格勒（George Joseph Stigler）於一九七〇年發表的論文《檸檬市場：品質不確定性與市場機制》。

這個比喻的意思是，「檸檬」的皮很厚，即使內部腐爛，外表也看不出來，所以低品質的檸檬會在市面上流通。

我完全贊成野口悠紀雄的預測。

接下來，以 ChatGPT 為首的生成式ＡＩ所創建的低可信度第二手以下資訊將大量流通。然而，就像是外皮很厚、即使內部已經腐爛也難以察覺的檸檬，這些資訊看起來是如假包換的事實，閱讀者可能在沒有防備的情況下就信以為真。

野口悠紀雄表示，正因為這些低可信度的資訊像洪水一般氾濫，他認為曾經凋零的「報社、電視台、出版社所傳播的資訊是值得信賴的」。＊

我尤其重視出版社出版的書籍。

我特別重視書籍的原因是，不同於可以隨時更新或刪除的網路資訊或一般人上傳的社群媒體資訊，書籍是以印刷品的形式留存下來並且需要付費的商品，因此我認為書籍內容的可信度較高。

書籍出版之前，經過嚴格挑選的作者必須負起責任，絞盡腦汁撰寫，之後再由編輯、監製、校對人員確認品質，在成為印刷品流入市面之前，經過多次篩檢，品質有保障。

當然，書籍也有優劣之分，有些書籍充斥著無意義的荒謬內容。但以比例而言，相較於網路，書籍提供更可信賴且有系統的資訊。

許多網路上的內容，尤其是SEO的文章，內容本身不是主要的作品或商品，而是吸引顧客的廣告，屬於利用文章促使消費者購買真正商品的行銷手段。

另一方面，幾乎所有的書籍（有刊登廣告的雜誌除外）本身就是真正的商品，因此無論是內容的深度或可信性都較高。

＊現代商業，〈生成式AI或許會讓凋零的報紙和電視逆勢興起〉（野口悠紀雄）（https://gendai.media/articles/-/108966?page=3）。

像我現在正在撰寫本書，如此全心全意的投入是YouTube絕對無法做到的。

・需要的理由❷：溫故知新

邁向二〇三〇年，世界將加速發生人類尚未經歷過的變化，想必人類在工作上或人生中遭遇困難的機會也會增加。我在本書多次強調「工作上挑戰失敗的機率增加」。遭遇困難時，書籍能夠提供幫助你突破的靈感。

你或許會覺得「書籍寫的都是過去的智慧，面對未曾經歷過的阻礙，是否有些不夠力？」

完全不是如此。

書籍寫的或許是人類過去的智慧，但是具有高度通用性。換句話說，書裡寫的是無論現在或未來都可以派上用場的智慧。正所謂溫故知新，即使是全新的科技，也是建立在人類過去累積的科技之上。

因此，從個人工作或生活上的煩惱到國家政策問題，甚至人類的課題，所有問題都可以在書中找到解決的線索。

書籍中蘊含大量前人的智慧。不僅是前人，也包含生活在同一個時代的學者、研究人員、企業家、技術人員、藝術家、記者、評論員等眾人的智慧。

而這些智慧僅需要大約兩千日圓就可以入手。應該找不到其他CP值更高的投資吧？

如果有什麼煩惱，或是遭遇了困難，那就去書店吧。或是上亞馬遜搜尋也可以。

我敢斷定，你現在正在煩惱的事情，解決方案就寫在某一本已經出版的書籍當中。

現在流行技能再培訓和回流教育，我們不要被這些聽起來好像很厲害的名詞迷惑，先閱讀吧。只需要兩千日圓，或許就可以找到你要的答案。

・需要的理由❸：不要小看每天一％的成長

兼具經濟學家、社會學家、哲學家身分的義大利人維爾弗雷多・帕雷托（Vilfredo Pareto），他發現二〇％的人口擁有八〇％的財富，帕雷托法則因此誕生，也就是大家熟知的「二八法則」。

幾乎所有事情都適用這個法則，非常有趣。經常被用來描述「公司二〇％的員工貢獻八〇％的營業額」這類情況。

此外，理查・柯克（Richard Koch）在《80／20法則：商場獲利與生活如意的成功法則》（CCC Media House）當中寫到，人生中二〇％的時間決定了八〇％的人生。

這可不得了，如果人生二〇％的時間都在打電動或看影片，會發生什麼事呢？

相反地，如果這二〇％的時間都在看書，那不是很厲害嗎？

有一個計算成長方式的有趣公式。

據說，如果一個人每天持續成長一％，那麼一年後可以獲得三七・八倍的效果。

這個數字是怎麼計算出來的呢？

假設你今天的能力是一〇〇%。如果今天成長一%，那麼就是「100×1.01」，代表明天的能力成長到一〇一%。如果再成長一%，則「101×1.01」，能力成長到一〇二・〇一%。繼續成長一%，則「102.01×1.01」，能力成長到一〇三・〇三〇一%。

以這樣的方式計算，一年之後，一〇一%的三百六十五次方是三七八〇%，也就是能力成長約三七・八倍！

堅持就是力量。

那麼，一個月究竟該讀多少本書才夠呢？

事實上，只需要一本。

只需要一本書就可以與他人產生差異。當然，想要多讀幾本都沒有問題。

為什麼一本書就夠了呢？下面是這個數字的根據。

日本文化廳於二〇一八年、二〇一三年、二〇〇八年、二〇〇二年針對閱讀進行調查。最近公開了調查報告《二〇一八年度「有關國語的民意調查」結果概要》。*

調查對象是全國十六歲以上的男性與女性。調查這些人一個月讀幾本書時，可以發現，「不讀書」占四七・三%，「一至二本」占三七・六%，「三至四本」占八・六%，「五至六本」和「七本以上」各占三・二%。

也就是說，近半數的人一個月讀不到一本書。因此，只要一個月至少讀一本書，就可以輕鬆躋身於頂尖行列。

培養方法——沉浸在書店的氛圍中

培養「閱讀力」的方式有千百種，因人而異。不需要為自己設定「每個月必須讀幾本書」的嚴格規定。

雖說是閱讀力，其實重點在於能否養成閱讀的習慣。

下面介紹我認為可以培養閱讀力的方法。

・方法❶：逛遍大型書店的每一個角落

首先，建議有時間的時候就前往大型書店，逛遍店內的每一個角落。逛的時候不需要刻意勉強自己一定要買書，只要置身在書店的空間當中即可。紀伊國屋、丸善、淳久堂、三省堂等，每個地區都有不同的大型書店，請你在店內四處逛逛，漫無目的地閒逛即可。

在那裡和尋找書籍的人呼吸同樣的空氣，度過同樣的時間。不必刻意前往高知識水準的區域。即使只是隨意瀏覽書籍的標題或裝幀，也可以感受時代的氛圍。

＊文化廳，《二〇一八年度「有關國語的民意調查」結果概要》（https://www.bunka.go.jp/tokei_hakusho_shuppan/tokeichosa/kokugo_yoronchosa/pdf/r1393038_02.pdf#page=10）。

從中可以看出時代的趨勢，像是「原來最近這個主題很受到矚目」、「許多書的書名都出現同樣的關鍵字，究竟是怎麼一回事」等等。很厲害吧，還沒有實際閱讀書籍內容，就已經可以察覺時代的趨勢。

當中如果發現有興趣的書，可以試著閱讀目錄和前言。正因為是直覺挑選的書，或許可以為你指點迷津。

・方法❷：不要想從一本書學到很多事

關於書籍的閱讀方式，不需要培養速讀法。當然你想要挑戰也無妨，但依照自己的速度閱讀比較容易養成習慣。當你學會速讀並且規定自己一定要在五分鐘內讀完一本書，這時閱讀可能就會變成一件痛苦的事。

下面介紹我正在實行的閱讀方法給各位參考。

這就是土井英司在他的著作《一流的人讀書，都在哪裡畫線？》（日文版由

Sunmark 出版，繁體中文版由天下雜誌出版）中所介紹的閱讀方式。他曾經參與許多作者的出版製作，包括近藤麻理惠的世界暢銷書《怦然心動的人生整理魔法》（日文版由 Sunmark 出版，繁體中文版由方智出版）。

書中提到，閱讀的時候不要太貪心，不要想從一本書就學到很多事。相反地，也不要因為覺得「好不容易讀了一本書卻沒有收穫」就放棄閱讀。

土井英司甚至認為，閱讀時只要遇到一行能夠帶給你啟發的文字，即使不讀到最後也無妨。這代表買書的投資已經獲得充分的回報。

我也認為閱讀就好像是尋寶遊戲，從一本書當中找出一行讓自己難以忘懷的句子。

・培養時的注意事項

只要能找到一行讓自己難以忘懷的句子，買書的投資就已經充分獲得回報，但下面還是要提醒閱讀的注意事項。

閱讀時要注意避免陷入沉沒成本的迷思。

「沉沒成本」（sunk costs）是指所耗費的勞力、時間、金錢。無論如何都想回收沉沒成本的心理稱做「沉沒成本效應」。

也就是說，陷入一種迷思：「我已經花了一千五百日圓買這本書，就算內容無趣也要看完。」耗費時間閱讀卻沒有任何收穫，我們必須小心避免這種情況發生。

如果判斷這本書沒有必要一字一句仔細閱讀，可以只挑選有必要的部分閱讀，甚至如果覺得無法從這本書中獲得什麼，也可以放棄閱讀。

這個時候最好趕快開始閱讀下一本書。

如果不捨得買書，也可以善用圖書館。

另外一個注意事項是，不要讀完就算了。如果看到令你深受啟發的一行字，請務必付諸行動。如果只是獲得知識，很快就會忘記。如果無法轉換成行動，那麼現實世界不會有一絲一毫的改變。最終只是陷入覺得自己從書中學到東西的自我滿足罷了。

閱讀最重要的是，能夠轉換成行動。

・筆者推薦的書。絕對值得一讀！

下面根據我的個人喜好和主觀意見推薦幾本書。這次我挑選了適合拿起本書的商務人士閱讀的書，如果當中有你感興趣的書，請不要猶豫，務必一讀。

■給想要變聰明的人

齋藤孝，《「聰明」就是擁有文脈理解力》（KADOKAWA）

■未來學家第一把交椅的未來預測

藤井保文、尾原和啟，《搶進後數位時代：從顧客行為找出未來銷售模式》（日文版由日經BP出版，繁體中文版由台灣角川出版）

■令人愛不釋手的書

丹羽宇一郎，《沉迷閱讀》（幻冬舍）

■後悔沒有在學生時代閱讀的書

土井英司，《提高「人生的勝率」：保證成功的「選擇」課》（KADOKAWA）

■應該成為職涯規畫的教科書

藤原和博，《十年後，你還有工作嗎？關乎未來生存的「受雇力」》（Diamond社）

■進入我人生前三名的著作

哈拉瑞（Yuval Noah Harari），《人類大歷史：從野獸到扮演上帝》（*Sapiens: A Brief History of Humankind*，日文版由河出書房新社出版，繁體中文版由天下文化出版）

■工作中喘口氣！你有思考過生物死亡的理由嗎？

小林武彥，《生物為何會死》（講談社）

■你的大腦混亂是因為你的房間很亂

佐佐木典，《我決定簡單的生活：從斷捨離到極簡主義，丟東西後改變我的 12 件事！》（日文版由 Wani Books 出版，繁體中文版由三采文化出版）

■世事無常，世上沒有永遠

吉爾德（George Gilder），《後 Google 時代》（*Life after Google: The Fall of Big Data and the Rise of the Blockchain Economy*，日文版由 SB Creative 出版）

■根據數據預測日本的未來

河合雅司，《未來年表：各個業界重大轉變，站在命運轉折點的日本會發生什麼事》（講談社）

■只需要閱讀就可以提升生產效率

樺澤紫苑，《最強腦科學時間術：日本最會利用時間的醫師教你掌握效率關鍵，重整時間、優化學習、高效工作！》（日文版由大和書房出版，繁體中文版由三采文化出版）

■是一本育兒書，但希望現代商務人士也能閱讀

坪田信貴，《不能說「不要給人添麻煩」》（SB Creative）

■如果想喚醒內在潛藏的才能

水野敬也，《夢象成真》系列（日文版由文響社出版，繁體中文版由時報文化出版）

■本書〈後記〉會有詳細解說的名著

黑川伊保子，《積極生活太可笑：用腦科學舒緩心靈緊繃》（Magazine House）

終章

AI 無法取代「感覺幸福的技能」

技能⑮ 金錢的使用方式

投資自己的大腦和健康

● 技能定義——把錢用在自己的大腦和健康上

「金錢的使用方式」，重點在於將賺來的錢投資在自己的大腦和健康上。

以金錢為主題的 YouTuber 當中最受歡迎的「兩@リベ大学長」，根據他的著作《得到真正的自由：金錢大學》（朝日新聞出版），與金錢相關的五大重要技能分別是「存、賺、增、守、用」。

大家可能以為當中的「賺」最重要，但「賺」的重要程度隨著每個人追求的年收入不同而有所不同，也會因為對象是企業還是消費者而不同。此外，上班族、經營者、個人工作者，靠勞力或靠頭腦等，每一個人賺錢的方式都不同，即使提出「這樣做會賺錢」也很難複製經驗。

至於「用」，有一個適用於所有人的花錢方式，那就是投資自己的大腦和健康。樂天集團會長兼社長三木谷浩史在某個電視節目中提到，「花錢比賺錢更難。」我非常同意他的說法。

那麼應該如何花錢呢？我希望大家可以投資某樣東西。

聽到投資，大家或許會想到股票、房地產、投資信託、黃金、國債等。然而，凌駕這一切，而且是全世界投報率最高的投資，就是自己的大腦和健康。

未來需要的理由——愈來愈走向兩極化

・需要的理由❶：轉向實力主義

根據成長產業支援機構 For Startups Inc 經營的資訊平台「STARTUP DB」所公布的二〇二三年全球企業市值排名。一九八九年當時的前五十大企業，日本企業占了三十二家。然而到了二〇二三年，前五十大企業當中，日本企業幾乎全軍覆沒，這個結果帶給各界極大的震撼。日本企業之首是排名五十二的豐田汽車。＊

從排名可以看到日本失落的三十年。前五十大企業當中，以第一名的蘋果公司為首，微軟、字母控股、亞馬遜、特斯拉等企業名列前茅。其他入榜的還包括投資相關企業、能源相關企業，以及IT機器製造廠商等。

這些企業的共通點就是運用IT，並以高報酬雇用優秀的人才。同時，被判定沒有能力的員工會立刻遭到解雇。換句話說，這些企業貫徹實力主義。

也就是說，現在日本正進入作家橘玲所說的「困難遊戲社會」。橘玲著有《殘酷：不能說的人性真相》（日文版由新潮社出版，繁體中文版由好優文化出版）、《愚蠢與無知：人類，這個不便的生物》（新潮社）等多本著作。「困難遊戲」指的是無法破關的遊戲。

企業對於雇傭的想法改變，大型企業已經開始針對表現不佳的員工進行裁員，雇用方式也從過去的會員型雇用轉變為工作型雇用。

會員型雇用是指統一雇用剛畢業的人，讓他們在各部門累積經驗，按部就班培養，工作型雇用則是根據業務內容雇用具有高度專業性的人才。

會員型雇用的新人都是從同樣的薪水起步，工作型雇用則會根據專業能力決定薪水，因此員工之間的薪水很可能從入職階段就已經有兩倍以上的差距。

＊ MAGAZINE I STARTUP DB，〈二〇二三全球企業市值排名。日本在世界經濟的存在感出現變化？〉（https://startup-db.com/magazine/category/research/marketcap-global-2023）。

換句話說，世界已經完全走向實力主義。因此，如果無法提升自己的能力，可能找不到工作，也無法獲得好的薪水。

為了因應這個變化，有必要投資自己，提升能力。

例如：樂天在二〇一二年宣布將英語設為公司的官方語言，此舉引發話題。英語力列入人事考核，不會說英語的人很難有升遷的機會。

在樂天提出這項政策的二〇一〇年，當時員工的TOEIC平均分數是五百二十六分。到了二〇一五年四月，平均分數成長到八百分。據說樂天之所以能在短短四年內大幅提升TOEIC的平均分數，主要原因是雇用了優秀的培訓員，同時將英語課程融入業務當中。

話雖如此，這種成長幅度依舊非常驚人。我認為，平均成績之所以能夠提升，恐怕是辭退了相當多不擅長英語、拖累平均成績的員工。

也就是說，並非所有人的英語能力都大幅提升，而是英語不好的人離職，雇用了另外一批英語能力好的人才。實際上，據說樂天現在增加雇用畢業於哈佛大學、耶魯

大學、史丹佛大學的人才。＊

這種做法造就了平均分數的大幅提升。

如果我的推測正確，樂天與市值排行名列前茅的企業採取同樣的雇用模式，也就是，辭退能力低的人，雇用能力高的人。

這種做法想必也會對其他企業造成影響，這已經是無可避免的潮流。而且從樂天的例子也可以看出之後的趨勢，只要能夠雇用優秀的人才，企業不需要參與日本因少子化而造成的人才爭奪戰，從海外招聘即可。實際上，三木谷社長在接受東洋經濟線上新聞的採訪時，針對企業如何招聘人才以提高競爭優勢這一點，提出下面的看法。†

＊ 東洋經濟線上新聞，〈樂天的「英語公用語化」真是不得了：樂天三木谷社長長篇訪談（之2）〉（https://toyokeizai.net/articles/-/33821?page=3）。

† 東洋經濟線上新聞，〈樂天的「英語公用語化」真是不得了：樂天三木谷社長長篇訪談（之2）〉（https://toyokeizai.net/articles/-/33821?page=3）。

「在日本，主修電腦科學的畢業生每年大約只有兩萬人。相較於此，美國約六萬人，中國約一百萬人，印度約兩百萬人。從幾百萬人中挑選員工，還是從兩萬人中挑選，帶給企業的競爭優勢完全不同。」

不能再漫不經心。工作可能會被AI奪走的預測受到矚目，但在此之前，工作已經逐漸被外國人奪走。

在樂天宣布英語為官方語言之前就已經在公司工作的員工當中，將自己的TOEIC成績提升到八百分以上而得以留在公司的人，想必他們除了公司內部的英語學習課程，下班後也在英語教室或家裡苦練英語。也就是說，他們將部分薪水用來投資自己的大腦。

日本人給人認真勤勉的印象，大家因此以為國民想必都熱衷學習，事實上並非如此。根據日本總務省的調查，二〇二一年住在日本的十歲以上人士，每天花在「學習、自我啟發、訓練（學業以外）」的時間僅十三分鐘。與每天花在「電視、廣播、報紙、雜誌」的兩小時八分鐘、花在「休息、放鬆」的一小時五十七分鐘、花在「興

趣、娛樂」四十八分鐘相比，實在非常短暫。＊

此外，日本企業在ＯＪＴ（在職訓練）以外的人才投資金額的ＧＤＰ占比也明顯較其他國家低，而且還有減少的趨勢（見圖10）。

大家覺得如何？日本人沒有想像中那般花費精力投資自己的大腦。長大之後就不學習了。

如此一來，不僅是ＡＩ，工作甚至可能會被為了遠在他鄉的家人認真學習日語、在日本努力奮鬥的外國人搶走。

那麼，假設你決定下班後去英語補習班上課。工作時已經坐了一整天，在英語補習班也是坐著，結果導致腰痛，需要去復健矯正治療。或者為了解決運動不足的問題，開始上健身房。

這就是開始投資自己的健康。俗話說「身體就是本錢」，要先有健康的身體，才能做想做的事。

重視食品安全而選擇無農藥或有機栽培蔬菜等價位較高的食品，這也是對健康的

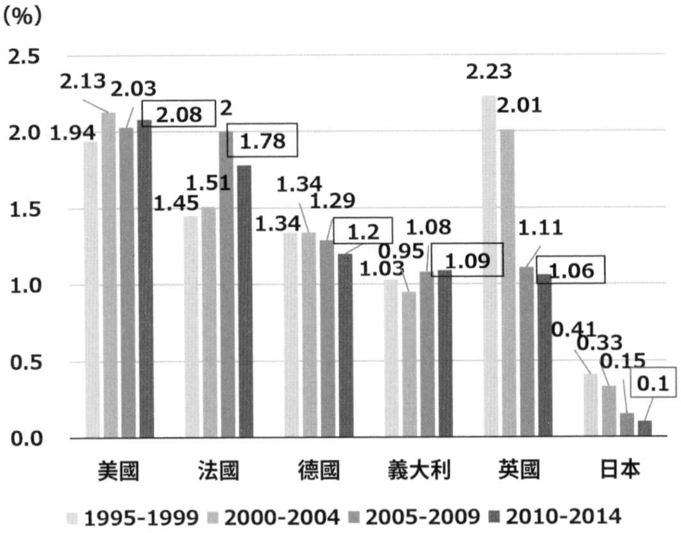

出處：經濟產業省根據厚生勞動省〈2018 年版勞動經濟的分析〉製表。

圖 10　人才投資（OJT 以外）的國際比較（GDP 占比）

出處：經濟產業省經濟政策局，《經濟產業省的政策 2022 年 2 月》（https://www.mhlw.go.jp/content/11801000/000894640.pdf#page=2）。

投資。

此外，為了獲得良好的睡眠而購買高品質的床墊或枕頭，因為半夜電車聲音影響睡眠而決定改裝隔音窗或搬家等，這些花費廣義來說都是對健康的投資。

總而言之，身體不健康就無法在工作上有好表現，即使投資大腦進行學習，效果也會下降。我們正邁向「百歲人生的時代」，人類的壽命延長，投資打造可以長久工作的身體，是一件很重要的事。

相反地，吝嗇於投資自己的健康，不去矯正治療也不上健身房，吃的都是便宜的垃圾食物，健康因此受損生病，結果反而需要支付更多的醫療費用。

＊總務省統計局，〈二〇二一年社會生活基本調查：生活時間及生活行動相關調查。結果概要〉（https://www.stat.go.jp/data/shakai/2021/pdf/gaiyoua.pdf#page=3）。

・需要的理由❷：成為運用AI的一方或是被AI驅逐的一方

下面的看法有些悲觀，還請見諒。

接觸 ChatGPT 等生成式AI，你是否也覺得「這種東西在工作上還派不上用場！我的工作應該不會被取代」？

生成式AI目前還只是剛學步的嬰孩。

今後AI將呈現指數型爆發成長，不出幾年就會長大成人。這時，AI首先奪取的是白領階級聽從指令的工作。

這時候的白領階級可以分為兩種。一種是懂得運用科技提升生產效率和附加價值，另一種則是業務被科技奪走而失去工作。

失去工作的白領階級或許會轉向不容易被科技取代的藍領工作。如此一來，被稱做藍領階級的工作者過剩，很可能導致時薪無法提升。

另一方面，懂得發揮科技運用力、利用科技找出問題的人，會愈來愈受到企業的重視。

以ＡＩ為首的科技，將導致這種兩極化的發展。

儘管如此，在創意產業，有些人認為接下來也會需要人類的創造性和職人技術，因此可以暫時放心。

最好改變這樣的想法。

在我撰寫本書的時候，Adobe 公布了生成式ＡＩ「Adobe Firefly」的新功能。迄今為止，圖像和照片的編輯軟體 Photoshop 具備了高度的修正和加工功能，而且不斷升級。然而，這次升級屬於不同的層次。

假設你是 Photoshop 職人。確認客戶交付的人物照片後發現，人物的背景堆積了許多物品，雜亂無章。客戶交代：「我想使用這張照片，希望將雜亂的背景改成漂亮的書架。」

這是展現 Photoshop 職人實力的時候。首先從龐大的照片資料庫中找出適合的書架照片，接著配合人物的光線效果進行自然的陰影加工，最後再合成至原本的照片中。這一連串的動作究竟要花費多少時間呢？

這是非常高難度的技術。只有具備修圖技術的人員才做得到，是需要花費數小時的精細作業——不，不是這麼一回事。

需要職人專業技術進行上述一連串修圖動作的年代已經過去。根據 Adobe Firefly 的最新功能，只要針對人物照片下達「背景插入書架」的指令，ＡＩ就會自動插入適合的書架。如果不滿意，瞬間就可以提供許多不同的選擇。

換句話說，Photoshop 職人的高超技術已經無法獲得高單價的報酬，因為只需要輸入「插入書架」幾個字，就會自動完成修圖。

從事 Photoshop 相關工作的人聽我這麼說，想必會反駁「目前只是測試版本，還不到實際應用的階段」。我再強調一遍，現在的生成式ＡＩ是剛出生的嬰孩，但接下來會指數型爆發成長為大人。

這個新功能帶來極大的衝擊。不僅是技術層面，最衝擊的是任何人都可以成為 Photoshop 職人。

只要會打字，誰都可以辦到。不僅是照片修圖，logo 和插圖的生成也是一樣。

這表示，在創意領域裡，過去只有習得專業技術的創作者才能大展身手，但現在業餘人士或門外漢只要運用科技就可以進入這個產業。結果造成創作者的兩極化，如果供給過剩，當然會出現酬勞下降的現象。上述專業攝影師的領域也相同。

另一方面，誕生了名為「提示工程師」的新興職業，專門負責對ＡＩ下達指令。雖然是工程師，但不需要使用程式語言，使用的是英語或日語等一般人使用的語言。需要具備的是下達指令的技能，能夠巧妙引導生成式ＡＩ產生更好的結果。在美國已經有年薪約五千萬日圓的提示工程師開始發揮長才。*

就像這樣，在許多工作消失的同時，也誕生了新的工作。

然而，不同於至今發生三次的工業革命，第四次工業革命帶來的新興職業以科技

---

* ＮＨＫ，〈年收五千萬日圓！何謂操作 ChatGPT 的「提示工程師」？〉（https://www3.nhk.or.jp/news/html/20230518/k10014071011000.html）。

為主軸。為了因應這樣的變化，我們更需要投資自己的大腦和健康，鍛鍊強健的肉體和精神。

培養方法——不存錢嗎？

關於「金錢的使用方式」，希望大家注意以下兩點。

・方法❶：養成思考究竟是「投資」還是「浪費」的習慣

其一是使用金錢的時候，養成思考究竟是「投資」還是「浪費」的習慣。例如為了增加知識購入書籍或參加講座，很顯然這些支出屬於「投資」。然而，究竟是「投資」還是「浪費」，每一個人的認知不同。以旅行為例，有些人覺得旅行是「增廣見聞的投資」、「放鬆身心的投資」，但或許也有人覺得是「為了擺脫日常生活的浪費」。

每一個人的看法不同，這一點完全沒有問題。重要的是，養成隨時思考究竟是「投資」還是「浪費」的習慣。

Netflix的《聰明生活經濟學》是一檔建議人們如何用錢的節目。節目中介紹了將消費分類為「need、love、like、want」（需要、熱愛、喜歡、想要）的用錢方式。

如果難以判斷究竟是「投資」還是「浪費」，從「need、love、like、want」的角度思考也是一種有效的方式。「need、love、like、want」代表的是優先順序。

「need」是租金、水電費、飲食費等絕對必須支付的用錢方式。

「love」是能夠讓心情感到愉悅的用錢方式。因為是屬於「沒有它，人生就會變得索然無味」的消費，內容因人而異。對於有些人而言是買書或一年一次的海外旅行，對於另外一些人而言或許是買紅酒。

「like」是「沒有也無妨，但有的話很開心」的用錢方式。

「want」則是為了滿足瞬間的欲望，不考慮後果而衝動消費的用錢方式。

因此，盡量不要將錢用在你認為是「like」和「want」的事物上，要將錢用在「need」和「love」上。

這時要注意的是，自己必須擁有判斷什麼是「need」、什麼是「like」的基準。不能因為名人認為是「love」，就以為對自己而言也是「love」。

以我為例，無論是在拍攝YouTube的時候或是平時的生活，我經常穿著UNIQLO一件九百九十日圓的白色T恤。不是為了拍攝YouTube才專程買來穿，我只要醒著都會穿著這件白色T恤。諮詢的時候、演講的時候，我穿的也是這件白色T恤。除了睡衣，幾乎都是穿這件白色T恤。

同樣的白色T恤我買了好幾件輪流穿。

我之所以一直穿著同樣的T恤，並不是因為我特別偏愛這件衣服，而是因為對我來說，時尚穿搭既不是「need」，也不是「love」。

一件五千日圓的T恤對我來說是高級品，並非好的用錢方式。

那麼我是小氣鬼嗎？並不是。

例如：當我知道美國西雅圖新開了無人便利商店，會毫不猶豫地花一百萬日圓以上的費用飛去實地考察。

這項消費對我來說既是「need」也是「love」。因為我無論如何都希望前往當地實際體驗，獲取一手資訊。這也屬於一種「投資」。

但是我絕對不想花兩千日圓買一件T恤。

然而，在服飾店工作的人或模特兒，他們不可能穿著一件九百九十日圓的T恤工作。對於從事時尚工作的專業人士而言，衣服既是「need」也是「love」，否則可能會失去說服力。

・方法❷：將錢用在事情而非物品上

第二個注意事項是將錢用在事情而非物品上。

研究發現，比起將錢用在物品上的人，將錢用在事情上的人可以獲得更高的幸福感。物品是物質，購買可能只是滿足擁有的欲望，而事情是體驗，可以刺激大腦。也就是說，將錢用在事情上比較可能是「投資」而非「浪費」。

當然，即使把錢用在物品上，如果該物品屬於「love」，有可能「只要看著就會感到幸福」、「只要穿在身上就會感到幸福」，因此無法一概而論，不見得把錢用在物品上就是不好的，有可能透過取得該物品而獲得全新體驗。

・培養時的注意事項

必須特別注意有一個絕對要避免的用錢方式。

那就是儲蓄。

這麼說可能違反常識。大人從小就教導我們儲蓄的重要性。

對於當時的大人而言，儲蓄是正確的做法。過去的利息較高，而且經濟蓬勃發展，即使儲蓄也有足夠的可支配所得。

再加上當時生活水準逐漸提升，想要的東西很多，因此人們可以透過慢慢存錢買東西來獲得幸福感。

然而，現在的實質薪資持續下降，生活水準也已經到達極限，如果儲蓄就沒有錢可以投資自己。

此外，即使是為了退休後的生活而儲蓄，但現在的利息低且實質薪資下降，能夠儲蓄的錢本來就不多。

因此，與其儲蓄也不知道退休後是否夠用的金額，不如把錢用來投資自己，讓自己有足夠的能力和健康增加收入並長期工作，這麼做的回報可能更豐厚。

正如之前所述，接下來的時代強調的是實力主義，如果疏於投資自己，將來甚至可能連維持收入都有困難。

也許有人會覺得，話雖如此，但生病需要花錢。正因為如此，我們才更要投資健康，避免生病。

技能

⑯

捨棄力

捨棄才能專注在重要的事情上

●技能定義——不僅是物品、資訊，有時也要捨棄人脈

「捨棄力」指的不僅是捨棄自己擁有的物品，還包括捨棄資訊，有時甚至是人脈，藉此專注在自己人生中真正重要的事物上。

我們平時都專注於增加物品、資訊、人脈，結果也失去了一些東西。

●未來需要的理由——物品、資訊、人脈的雜訊會偷取我們的時間

・需要的理由：寶貴的時間被奪走

邁向二〇三〇年，想必會發生各式各樣的事情。傳染病大流行、國際紛爭、金融危機、政策錯誤導致不景氣、以ＡＩ為主的科技進步等，多不勝數的因素使得預測未來變得更加困難。

人們因此感到焦慮，為了做好迎接未來的準備，於是盡量收集各種物品或資訊，也積極擴展人脈。

就像這樣，人們積極「收集」，卻不懂得「捨棄」。因此，家裡或辦公室堆滿各式物品，真的要用的時候卻又找不到，你是否也是如此呢？

此外，為了收集資訊而到處查找、閱讀、搜尋、追蹤關連等，時間一下就過了。

並且，你是否也為了擴展人脈而不斷參加沒什麼實質幫助的喝酒聚會呢？

這些事情的共通點就是奪走了人生寶貴的時間。物品、資訊、人脈的雜訊是時間的小偷。

假設你想要培養某一項技能，當你在網路上查找資訊，「啊，不能不知道這個」、「這個也有興趣」、「這個也看一下好了，以備不時之需」，就在你點選各種連結的時候，時間不斷地流逝。

取得資訊的本質在於取得資訊之後要付諸行動。如果成為資訊收集狂人，把收集資訊本身當成目的，只會產生過多的雜訊，導致不知道到底應該專注在什麼事情上面。

我曾經在電視上看過一位資深相撲行司的訪問。「行司」是相撲比賽中判定勝負的人。但是這位相撲行司卻說自己在比賽中不會看相撲動作，也就是完全不看力士的表情、技巧等對戰過程。

他只是專心看著力士的手和腳，判定誰先跌出土俵，又或者，誰腳底以外的身體部位碰到了土俵。

如果不小心被力士的交戰過程或認真的表情奪走注意力，很可能就會看漏誰的腳先跌出土俵，或是誰的身體先碰到土俵。

換句話說，對行司來說，力士的對戰過程是雜訊，因此他選擇捨棄這方面的資訊。

我們這些在工作的人，無論是上班族或自由業者，都是拿自己人生的時間換取金錢。有部分被動收入的人除外。

因此，我們必須有效利用剩餘的時間。被物品、資訊、人脈等雜訊奪走寶貴的時間，是一件非常可惜的事。有必要將專注力放在學習提升個人品牌價值的技能和資訊傳遞。

捨棄的雜訊必定會有相對應的回報。

●培養方法——依序捨棄物品、資訊、人脈

培養「捨棄力」的方法分為初級、中級、上級三種。

・方法❶：初級——捨棄身邊的物品

首先，初級的方法是捨棄身邊的物品。物質世界的情況也會影響腦內世界。家裡或房間凌亂的人，他的大腦想必也很混亂。職場上也相同，看到有人辦公桌很凌亂，你是否會覺得「這個人的大腦一定也很混亂」？我以前就是如此。

因此我現在努力追求極簡生活。極簡主義者懂得知足，只以最低需求的物品生活。

如果有太多不需要的東西，就得花時間尋找需要的東西。據說人一年平均耗費十五個小時在找東西。

「不，不，這些都是必要的，無法捨棄。」會這樣找藉口的人需要特別注意。你是否無法為事物的必要性和重要性設定優先順序呢？

這樣的人或許任何事都無法設定優先順序，或是無法做出選擇。

我只擁有最低需求的物品，因此不需要耗費時間找東西。

因為我絕對不想把人生中寶貴的時間耗費在找東西上。我的訣竅是自己設定規則，丟棄一年以上未使用的東西、買一樣東西就丟一樣東西。

想著「以前的獎狀、獎盃、紀念品捨不得丟」的人，請下定決心把這些東西丟掉吧。

如果一開始就能下定決心丟棄覺得重要的物品，接下來就能輕鬆丟棄其他物品。

保留這些東西，什麼時候會用到呢？保留這些東西，會讓你的年收入增加嗎？保留這些東西，會幫助你培養本書提到的各項技能嗎？

象徵過去光榮歷史的物品，請現在立刻丟棄。

那些東西與現在的自己無關。

如果寄託於象徵他人評價的物品，今後可能養成只有被表揚才會努力的性格。

我的 YouTube 頻道訂閱人數超過十萬人的時候，YouTube 送了我一個銀盾牌，我立刻就丟掉了。

許多 YouTuber 在獲得銀盾牌之後，會放在鏡頭可以拍到的背景處。

然而，如果以「銀盾牌」或「訂閱人數」等他人的評價當作自己成就的依據，為了獲得下一次的肯定，就必須一直在意他人的評價。

榮耀在收到的那一瞬間就已經是過去式。

自己的自信沒有根據！雖然沒有根據，但就是有自信！我認為這是最無敵的狀態。

就讓過去的榮耀消失在視線之外吧。

・方法❷：中級——捨棄資訊

中級是捨棄資訊。我希望大家首先從社群媒體的斷捨離開始著手。

我經常看到有些人宣稱：「我認為看電視很浪費時間，所以都不看電視。」同時卻又在空閒的時候一直滑手機，完全沉溺在社群媒體和ＬＩＮＥ之中。

真是愚蠢至極。

當我確定「這是我需要的資訊」後，就會判斷其他資訊是雜訊，不會過度瀏覽社群媒體。

至於意志薄弱的人，只要一開始瀏覽社群媒體就停不下來，建議使用幫助社群媒體斷捨離的應用程式。使用這款應用程式，只要你一天瀏覽社群媒體超過一定時間就會強制無法繼續瀏覽。其他還有以下各種斷捨離的應用程式。

解決智慧型手機成癮問題的計時應用程式「Detox」，只要使用過度，手機就會被鎖住。

名為「戒手機養魚」的應用程式則是只要不使用手機，應用程式上養的魚就會長大。透過遊戲的方式戒手機。

「斷！一日一捨」是透過使用者互相報告捨棄的東西彼此鼓勵，進行斷捨離的應用程式。

一開始先借助這些應用程式的力量也是不錯的方法。

・方法❸：上級——捨棄人脈

上級的方法是捨棄人脈。

想必很多人都認為人脈愈廣愈好。然而，與人見面需要耗費相當多的時間，必須使用人生寶貴的時間。因此，必須確實分辨有必要見面的人和沒有必要見面的人。也應該審視是否有實際見面的必要，或者只需透過電子郵件或聊天室等文字上的往來即可。

為了提升個人品牌價值的學習、閱讀、收集資料等，基本上都需要獨處，不可能和大家去居酒屋一邊喝酒一邊進行。

我們只有在獨處的時候才能重新審視自己的人生，思考今後該怎麼做。獨處的時間非常重要且寶貴。

因此，對於那些可能偷走你寶貴時間的人，必須鼓起勇氣下定決心不見面。實際上，我基本上盡量不與人見面。

自從我開始經營 YouTube 頻道之後，有幸收到有許多商務人士或經營者的邀約，希望與我見面。然而，我的時間有限，如果沒有非見面不可的理由，我都會慎重拒絕。

如果需要開會討論，我會盡量選擇線上的方式，可能的話也會拜託對方以不需要特別調整行程的電子郵件或聊天室等文字的方式進行。

此外，我不會喝酒，所以盡量不參加喝酒聚會。即使參加也絕不會續攤。

・培養時的注意事項

社會人士有所謂的交際應酬。如果是上班族，或許很難拒絕同事或上司的喝酒邀約。不想被同事認為是個難相處的人，又或者擔心如果給上司留下難相處的不好印象，可能影響加薪或升遷。

然而，和同事去喝酒，輪流抱怨公司和工作，或是講上司的壞話，這些都是極度浪費時間的行為。此外，和上司去喝酒，聽他說過去的光輝歷史或過時的人生觀，也甚是困擾。

這時就應該果斷拒絕。如果僅是因為不願意去喝酒就留下不好的印象，甚至評價因此下降，那就要考慮離開這樣的職場，把時間花在與家人相處或是提升本書介紹的十九項技能。

實際上，即使拒絕去喝酒，也不會有太多的負面影響。只要確實把工作做好，就不太可能發生自己擔心的事。

如果真的發生了，擬訂計畫脫離這種過時文化的職場，或許才是明智之舉。

技能⑰ 習慣力

培養技能的技能

●技能定義——為了培養技能而必須具備的技能

「習慣力」是指下定決心後就不會半途而廢，能夠持續累積的技能。

不僅是本書介紹的未來技能，培養任何技能都必須養成習慣。

如果不能養成習慣，則動力會逐漸下降，等到發現的時候已經忘記當初想要培養某項技能的雄心壯志，你是否也有類似的經驗呢？

●未來需要的理由——與鈴木一朗的卓越之處相通

・需要的理由❶：為了培養「未來必備技能」而必備的技能

「習慣力」本身並非未來必備的技能，而是為了培養之前介紹的「未來必備技能」所必須具備的重要技能。

之前介紹的所有技能都不是一朝一夕就能養成，必須慢慢累積，且沒有所謂的終點。

我尊敬的人生導師是棒球選手鈴木一朗。他的卓越之處不在於一年交出二六二支安打的成績。

大家都專注在二六二這個數字，但這不是我視他為人生導師的原因。

我認為他連續十年敲出兩百支安打的紀錄更有價值。

一年二六二支安打是一項偉大的紀錄，但或許有一天會有其他人改寫這項紀錄。

然而我確信永遠不會有人超越連續十年敲出兩百支安打的紀錄。

至於鈴木一朗為何能夠交出如此亮眼的成績呢？因為他是一位不受傷的選手。

一般選手在做完一輪伸展運動之後就會進入投接球的棒球練習。只有鈴木一朗還繼續做伸展運動。為了避免肌肉拉傷，仔細進行伸展運動。

其他選手可能會受傷，例如外野手，在與圍牆激烈碰撞的同時，完成出色的守備，卻可能因此骨折。

粉絲或許會為有膽識的出色守備歡呼，但教練可不這麼想。一人出局換來的是選手長時間不能出賽，完全不值得。

然而，鈴木一朗選手有這麼多出色的守備卻不曾受傷。因為他在賽前考慮各種可能性並反覆沙盤推演，例如當球來到自己的位置時應該如何利用圍牆的反作用力跳躍接球等。

怎麼滑壘不會受傷、怎麼跳躍可以安全接到球等，他是在做足準備的情況下上場比賽。

也就是說，鈴木一朗選手從長時間的伸展運動開始，養成做好準備的習慣，不讓自己在球場上受傷。結果，他可以輕鬆接到其他選手接不到的球。不過也因為看起來太輕鬆，不被認為是好球。（笑）

鈴木一朗選手的傑出表現可說是來自於習慣的累積。

他自己曾經如此說道：

「如果說不努力就能做到的人是『天才』，那麼我不是。如果說經過努力才能做到的人是『天才』，那麼我認為我是。如果人們以為我不需要努力就能有傑出的表現，那可就大錯特錯了。」

・需要的理由❷：消失的部落客和 YouTuber

在鈴木一朗選手的名言之後談論我自己的事讓我有些惶恐，但請容我以自己發表了兩千篇部落格文章為例，說明「持續就是力量」。

十五年前曾經出現部落格熱潮。在網路產業當中，發表的部落格文章數愈多，瀏覽次數也愈多，部落格因此備受矚目。

我當時也成立部落格，連續多年不斷地發表文章，最終達到兩千篇。這是我養成每天寫文章的習慣，累積數年之後得到的成果。

透過實際的經驗，我了解了什麼樣的文章可以增加瀏覽次數，什麼樣的文章會導致讀者流失。

然而，同一個時期創立部落格的人，幾乎很快就放棄了，即使他們也知道持續發表文章可以增加瀏覽次數。

YouTube 也是一樣。在撰寫本書的當下，我的頻道訂閱人數超過十四萬人，這也是不斷上傳影片才達到的成果。

我周遭也有許多人覺得「友村晋可以，那我也可以」，於是開始經營自己的頻道。然而，多數人在數個月、甚至一個月後就放棄，無法養成習慣。

不僅是網路世界，商場上成功的祕訣就是「永不放棄，直到成功」。因此，許多在網路取得成功的人都會開玩笑地說：「我是不懂放棄的人。」這也顯示了他們透過養成習慣而取得成果。

據說，「現在的自己有四成是習慣造成。」養成良好的習慣，工作也更順利，如果養成不良的習慣，不僅是工作，甚至危害健康。

因此我認為，「習慣力」是決定美好人生的關鍵。

本書在〈技能⑭：閱讀力〉的章節提到，「如果一個人每天持續成長一%，那麼一年後可以得到三七．八倍的效果。」這正是養成習慣帶來的效果。

●培養方法——降低門檻，讚美自己

「習慣力」可透過以下兩種方法培養。

・方法❶：減少前置作業

第一種方法是減少養成習慣的前置作業。也就是節省執行前的麻煩，降低執行的門檻。

覺得麻煩是養成習慣的最大阻礙。最好是像養成飯後刷牙習慣這般輕鬆就能執行。

例如為了減肥而希望養成上健身房的習慣，要達到「健身」最初的目的，我們必須經過幾道手續：

- **換衣服，整理儀容，化妝。**
- **搭電車或騎自行車去健身房。**
- **在櫃檯報到後再去更衣室換衣服。**

完成這些之後，才能終於開始健身。如果人多的話，還要排隊使用健身器材。健身後還得經歷在更衣室換衣服、在櫃檯辦理離場手續、搭電車或騎自行車回家等麻煩的手續。

如果有這麼多煩瑣的手續，就不容易養成習慣。

相較之下，在自己喜歡的時間使用家中的電腦進行線上瑜珈的練習是不錯的選擇。或是自訂規則，工作一小時後，利用五分鐘的時間在地上做伏地挺身和仰臥起坐，休息十分鐘後再繼續工作。這些方法既省錢又省事。

同樣地，如果為了練習英語會話而必須經歷把教材放進包包裡、整理服裝儀容並化妝、走到公車站搭公車等事前準備，很難養成習慣。

如果是線上英語課程，那麼只要打開 iPad 就可以立刻上課，不需要太多的事前準備，比較容易養成習慣。

如果想要養成的習慣必須經過繁瑣的手續，日常生活中就會產生令人討厭的例行公事，使得養成習慣變成一件苦差事，結果反而降低QOL（生活品質）。

・方法❷：設定小目標，達成就稱讚自己

第二種方法是在養成習慣之前設定一些小目標，每達成一個小目標就稱讚自己。

例如想養成在線上學習英語會話的習慣時，當按下申請線上英語會話課程的按鍵後，就可以大大地稱讚自己：「我現在邁出了改變人生的一大步！」

即使還沒有開始上課，也要「為自己的行動力乾杯」，報名當天就去吃喜歡的美食慶祝吧！

如果持續上課一週，再稱讚自己：「英語會話課程持續了一週，我真棒！」然後去看一場想看的電影做為獎勵。

要懂得自己讓自己開心，其他人不會稱讚你，要自己讚美自己。

就像這樣，任何事在養成習慣之前都先細分為許多小步驟，每達成一個階段就稱讚自己。

持續這麼做，還有提升自我肯定的額外好處。

做為培養習慣的參考書籍，下面推薦倡導養成習慣的創意總監川下和彥所寫的《不努力王國的成功法》（日文版由 Ascom 出版，繁體中文版由三采文化出版）。他以非常淺顯易懂的方式說明人為何很難養成習慣。

請大家務必一讀。

・培養時的注意事項

培養「習慣力」時，注意不要設定過高的目標，不需要做到一〇〇%。

有些書籍或網站認為，因為目標很難達成，建議一開始就設定原本目標的二至五倍。當中甚至有人主張設定十倍的目標會更好。

例如：想達成一百萬日圓的營業額，如果一開始以一百萬日圓為目標，那麼只能達成七成的七十萬日圓，因此一開始將目標設定為一百五十萬日圓，即使只能完成不到七成，也能達到一百萬日圓的目標。

然而，我不贊同上述這種想法。如果設定的目標過高，一開始就會因為「反正無法達成」而感到挫折。執行過程中就會感到非常辛苦。

設定高目標的前提是一開始就要有高人一等的行動力。

我們一般人比較適合循序漸進，慢慢累積容易達成的小目標。如果現在只能達成七十萬日圓的營業額，那麼下次就以七十一萬日圓為目標，達成之後再以七十二萬日圓為目標。

達成小目標之後，也不要忘記稱讚自己。

技能

⑱

逃離力

與匈牙利諺語的意思相同

●**技能定義——逃避雖可恥但有用？**

星野源和新垣結衣共同主演的TBS連續劇《逃避雖可恥但有用》（月薪嬌妻）大受歡迎，大家才知道原來「逃避雖可恥但有用」是匈牙利諺語。

這句匈牙利諺語的意思是：「如果有機會前往能夠發揮所長之處，最好現在就立刻逃離，選擇可以一展長才的地方。」

本書介紹的「逃離力」也是相同定義。

換句話說，如果目前所處的環境「無法發揮所長」，且「自己無權改善環境」，只要符合這兩項條件，就要下定決心離開該環境，這就是逃離力。

未來需要的理由——選項無限

・需要的理由❶：如果自己無力改變環境

如果您持續閱讀本書到這裡，或許會充滿幹勁，下定決心：「我要培養這些技能，拓展未來！」積極程度無庸置疑。

然而，如果想要一次實踐前面介紹的所有技能，精神上想必會感到疲累，身心甚至有可能因此而生病。

我在〈技能⑫：自我負責力〉的章節提到不要任何事情都怪罪他人或社會，而是認為責任在自己身上並加以改進。

話雖如此，任何事都有其極限。

如果判斷現在發生的狀況或目前所處的環境無法透過自己的努力改變，而且在該狀況或環境下無法發揮所長，那麼請立刻逃離這樣的環境。

在判斷究竟是要在目前的環境繼續努力或是逃離另闢新天地時，必須注意兩者之間的平衡。如果經常逃離，可能會養成逃避的習慣，最終傾向將責任歸咎於自己以外的原因。

然而，如果現在的職場環境過於惡劣，人際關係糟到無法忍受，而且沒有成長的空間，那麼在被逼到絕境之前可以試著先請假暫時脫離該環境，如果還是沒有改善，就該請求調動部門或離職。

不僅限於職場。在個人生活中，如果居住環境太惡劣，可以搬家；不喜歡住在日本，也可以逃到國外。

只要知道有無數種選擇，就可以幫助身心維持健康。

・需要的理由❷：不需要過於認真看待年長者的慣用句

尤其希望年輕的商務人士注意，無須受到諸如「最近的年輕人都沒有毅力」等大叔言論的影響。

年者長的這些言論不過是一代傳一代的傳統慣用句罷了。據說就連西元前留在金字塔內的象形文字也有類似「最近的年輕人……」的內容。

也就是說，大叔就是一種忍不住要數落年輕人的生物。不需要過於認真看待他們的言論。

此外，類似的言論還包括：「在這裡做不好的人，去到哪裡都做不好。」

這是黑心企業阻止員工辭職時必定會說出的經典台詞。

這句話也完全不需要介意。許多人都是在換了環境之後展翅高飛，這樣的例子不勝枚舉。

培養方法——你的工作沒有那麼重要

沒有什麼方法可以培養「逃離力」，需要的是勇氣。鼓起勇氣也沒有什麼特別的技巧。經驗可以幫助你更容易鼓起勇氣，或是透過做出各種小決定，也能逐漸培養出展現勇氣的魄力。

為了幫助大家鼓起勇氣，下面是我的三項建議。

・方法❶：理解「逃離也沒關係」

第一，容我坦白說一句：「你的工作沒有那麼重要」。因此，逃離也沒關係。

或許有人會反駁：「你又沒看過我工作的樣子，怎麼能說出這種話？」我之所以會這麼說，是因為包括我在內，幾乎所有人都不是什麼了不起的人。（笑）

尤其是上班族的各位，總是擅自加諸許多責任在自己身上。例如：「離職會對上司、前輩、同事、客戶造成困擾，工作會停擺」等。

不客氣地說一句，這是在自我陶醉。包含我在內，一個人幾乎成不了什麼大事。除了馬斯克、孫正義這些特例，我們一般人能夠單獨完成的工作非常有限。

實際上，即使有人因為生病或受傷而必須長期休養，公司也會正常運作。即使是部長、課長等必須擔負管理責任的人離職了，情況也一樣。公司不僅不會倒閉，工作也不會停擺。剩下的成員會想辦法完成工作。換句話說，你不過是做著其他人也做得了的工作罷了。（笑）

因此請放心，逃離也沒有關係。請逃到可以讓你發揮所長或是開心工作的環境。

・方法❷：逃離大都市

第二，如果你對生活在大都市感到疲累，那麼不妨下定決心逃離大都市。

或許是我的偏見，我覺得大都市隨處可見裝模作樣的人。這些人身穿斜紋褲、立起 polo 衫的領子、沒事就拿著蘋果電腦在咖啡廳開會。

而且這些人總喜歡以收入和公司的營業額包裝自己，真是令人厭煩。

沒有必要每天搭乘人擠人的電車，勉強自己與這些人打交道。只需要改變居住的地方即可。搬到陌生環境或故鄉皆可，這樣就不需要聽那些裝模作樣的人說教。

即使收入因此減少，但生活費也降低，說不定反而過得更舒服。

關於這項建議，可以參考知名部落客 Ikeda Hayato 的著作《還在東京耗費光陰？改變環境，人生更順利》（幻冬舍）。

・方法❸：小心前輩和上司的建議

第三是要特別注意提出類似「吃苦才能成長」、「這個做不好的人，其他也做不好」等建議的前輩或上司。

這些人的腦袋已經被「工作本來就是辛苦的，開心的事留給自己的興趣」等上一個時代的思維箝制，處於停止思考的狀態。

又或是因為自己一路上吃盡苦頭，所以想把其他人也拖下水。這可不是在說笑。

請想像一下，如果身邊有提出這種建議的前輩或上司。如果繼續在這樣的職場努力，那麼你將來的樣子就是現在眼前的這個人。最終有樣學樣，當你到達一定的年齡，或許也會強加相同的建議在年輕世代身上。

你可以思考自己將來是否想成為像他們一樣的人，再決定要不要聽取他們的意見。

如果覺得「這可不是開玩笑的」，那就請你立刻逃離。

・培養時的注意事項

在選擇「逃離現在這個惡劣的環境」時，有件事情必須特別注意。

那就是對於「逃離」的情感控制。

我希望大家絕對不要負面思考，認為逃離是因為自己太過軟弱。

吉田凪在著作《默默逃離的書》（ＰＨＰ研究所）中也有提到，絕對不要把「逃離」當作負面的詞彙。「逃離」是一種行動，前往一個不是這裡的地方，也是改變現況的變化，因此應該正面看待。

吉田凪自己就是不斷在逃離她討厭的事物，最終發現攝影師的工作非常適合自己，現在過著幸福的人生。這本書最後寫道：「今後我也將繼續過著積極的逃離人生。」這句話深深打動了我的心。

技能
⑲
幸福狀態

本書最重要的技能

技能定義——持續感覺幸福的能力

「well-being」指的是隨時感覺幸福的狀態。

相較於「happy」是一時感覺幸福的狀態，「well-being」是指只要活著就持續感覺幸福的狀態。

最後介紹的「幸福狀態」（well-being）是本書最重視的技能。

●未來需要的理由──如果不能處在幸福狀態，渴望永遠無法被滿足

・需要的理由❶：人們因科技帶來的差距而陷入憂鬱

本書到目前為止介紹了十八項技能，而最後介紹的「幸福狀態」是十八項技能加總也無法超越的最重要技能。

之前已經介紹過，根據WHO的預測，二〇三〇年人類第一大死因將是「憂鬱症」。我依舊認為這是一個令人難以置信的預測。

目前世界前幾大死因包括傳染病、飲用汙水導致的腹瀉或腹痛等，但之後，精神方面的疾病將會超越這些原因，占據上位。

然而，這樣的預測並非完全錯誤。會這麼說是因為，隨著ChatGPT等生成式AI的出現，尤其以白領階級為中心，科技將開始逐漸取代人類的工作。

如此一來，懂得運用科技而致富的人，與工作被科技取代而貧窮的人，兩者之間

的差距將會進一步擴大。

人類迄今為止，以已開發國家為中心，透過努力工作發展文明，世界也因此變得更加便利。兩千年前的人類如果穿越時空來到現在，想必會大吃一驚。甚至不用兩千年前，一百年前的人類也會同樣吃驚。

那麼我們是否可以斷言，比起沒有電視、飛機、汽車，甚至沒有水電的古代人，現在的我們更感覺幸福呢？

古時候的人努力以泥土和磚瓦蓋房子，進到屋內之後或許會覺得：「有屋頂就可以遮風擋雨！真是太幸福了！」然而現代人會在新房子的地板上放一顆彈珠，看到彈珠滾動就大驚小怪地說：「你看！彈珠滾動代表地板傾斜，這是有問題的住宅！」

只因為有屋頂就感到幸福的古代人，看到這個景象會怎麼想呢？

根據日本厚生勞動省自殺對策推進室以ＷＨＯ的資料為基礎製成的圖表顯示，日本是已開發國家（Ｇ７）中自殺率最高的國家。男女合計一六．一％，也就是大約每六人就有一人自殺。男女分開看的話，男性的自殺率是二二．九％，女性則是九．

七%，男性是女性的兩倍（見圖11）。

另外，根據厚生勞動省自殺對策推進室以日本警察廳「自殺統計」資料為基礎製成的圖表顯示，在原因和動機方面，第一名是健康問題，其次是經濟和生活問題（見圖12）。

雖然整體自殺人數呈現下降趨勢是值得高興的事，但從自殺的原因多為健康或經濟因素可以推測這些人並不處於幸福的狀態。

面對今後科技將帶來逐漸擴大的差距，我們更需要意識到「幸福狀態」的重要性。

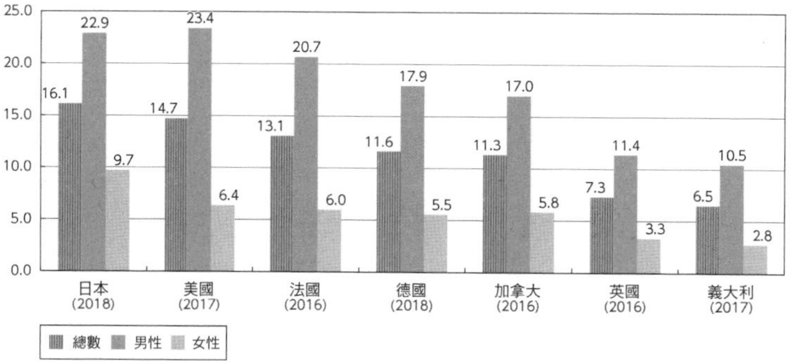

注：由於無法從世界衛生組織取得美國和加拿大的最新人口資料，因此使用的是最新的死亡資料和兩國的國勢調查資料。

資料：世界衛生組織（2021 年 4 月），由厚生勞動省自殺對策推進室製作。

圖 11　已開發國家的自殺死亡率

出處：厚生勞動省，《2021 年版自殺對策白書》（https://www.mhlw.go.jp/content/r3h-1-1-10.pdf）。

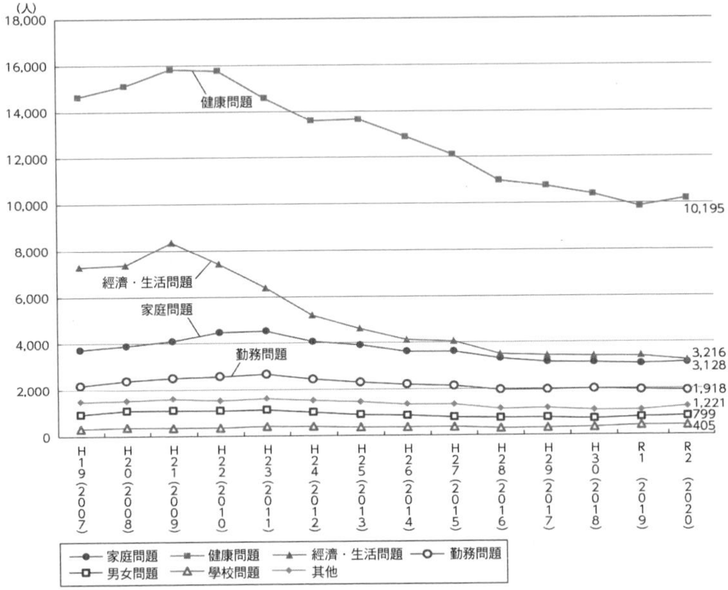

注：根據遺書等佐證資料，每一個自殺者最多列入 3 個原因或動機計算，因此自殺原因和動機的總和與自殺人數（2020 年為 15,127 人）不符。

資料：警察廳，〈自殺統計〉，由厚生勞動省自殺對策推進室製作。

圖 12　2007 年以後根據原因和動機分類的自殺人數變化

出處：厚生勞動省，《2021 年版自殺對策白書》（https://www.mhlw.go.jp/content/r3h-1-1-05.pdf.pdf#page=2）。

・需要的理由❷：茫然的技能提升帶來渴望

請大家想一想。

你為什麼會拿起本書呢？

想必很多人是因為想要提升商務技能。

進一步深究，你為什麼想要提升商務技能呢？是因為希望得到誰的認同嗎？還是想要增加年收入呢？又或是想要從事讓自己開心且有成就感的工作？

如果沒有明確的理由而僅是茫然地持續努力提升技能，想必永遠無法滿足你的渴望。

此時此刻，能夠為活著感到幸福才是最重要的事。

為此，如果無法有意識地維持「幸福狀態」，即使培養了本書介紹的十八種技能，依舊無法脫離「必須磨練技能」、「必須成長」、「必須增加年收入」的焦慮。

不持續前進就會焦慮，不持續努力也會焦慮。

企業經營也相同，重視員工的幸福狀態是一件很重要的事。

根據日本厚生勞動省委託三菱ＵＦＪ研究顧問公司（Mitsubishi UFJ Research & Consulting）所做的調查，相較於十年前，注重員工和顧客滿意度的企業當中有很高的比例在員工人數和營業額皆呈現增加的趨勢。＊

希望經營者務必要牢記這項調查結果。

● 培養方法——稱讚自己，找到可以信賴的夥伴

每個人對幸福的定義不盡相同，我推薦以下三種方法維持幸福狀態。

・方法❶：設定「一個人的幸福日」

每週只需要一天即可，設定「一個人的幸福日」。「一個人的幸福日」是獎勵自己過去一週努力的日子。

我設定每週三是「一個人的幸福日」。在這一天我會關閉與客戶聯繫的管道，打造一個人的時光。

這與週末或假日不同，週末或假日是與家人出遊共度美好時光的日子，但「一個人的幸福日」是屬於自己一個人的時光。

我會在這一天大肆稱讚自己過去一週的努力，也會盤點過去一週的生活，例如：

＊三菱UFJ研究顧問公司（厚生勞動省委託），《針對今後雇用政策的實施進行現狀分析的相關調查研究事業報告書：企業雇用管理對經營的影響（二〇一六年三月）》（https://www.mhlw.go.jp/file/04-Houdouhappyou-11602000-Shokugyouanteikyoku-Koyouseisakuka/0000128000.pdf#page=31）。

「這週接下的都是喜歡的工作，沒有接討厭的工作」、「這週沒有任何遺憾」等。

有時會在家裡度過這一天，有時會去我喜歡的澡堂一邊泡澡一邊思考，或是去我最喜歡的咖啡廳發呆。

透過感受「擁有一個人的時間真是幸福」、「接下來要嘗試新工作，真是令人期待」等，維持幸福狀態。

獨處時光非常寶貴，因此我堅持不在「一個人的幸福日」排入其他行程。

書法家武田雙雲在著作《正面思考的教科書：為自己和身邊的人打造幸運體質的3大基礎和11大法則》（主婦之友）中提到，他認為憂鬱症患者增加的原因是「找不到歸處」。

這裡所說的歸處並非是物理空間，而是能夠讓自己感受「活著就是幸福」的心理狀態。

・方法❷：知足常樂

研究人類幸福的哈佛大學教授亞瑟．布魯克斯（Arthur C. Brooks），以一個簡單易懂的公式表達什麼是幸福。

$$\frac{\text{擁有的東西}}{\text{想要的東西}} = \text{幸福}$$

我知道這個公式的時候深受感動。多麼簡單又美妙的公式啊！

這裡所說的東西不僅限於物質，也包括地位、名譽、夥伴等。

這個公式顯示，想要獲得幸福只有兩種方法，那就是增加分子或減少分母。

這時不能想著：「原來如此，增加分子就好了！」因為增加分子是一件非常困難的事，必須費盡工夫才能擁有。

那麼，減少分母是否也很困難呢？答案是否定的。不需要大費周章，只需要自己的大腦就可以解決。

曾經與兩千多名末期病患長時間相處的大津秀一，他在著作《死前才會明白的人生33件重要事項》（幻冬舍）中真實描述某個末期病患後悔自己一生都在與他人比較，都在增加想要的東西（分母）。這本書透過探討人在面臨死亡時的遺憾，告訴我們什麼才是人生最重要的事情，推薦大家一讀。

俗話說：「知足常樂。」

你現在想要的東西真的必要嗎？沒有這樣東西就無法幸福嗎？請大家再仔細想一想。

・方法❸：與可信賴的朋友和家人共同生活

第三種方法是與可信賴的朋友和家人共同生活。可信賴的人不需要多，少數幾人即可。

精神科醫生羅伯特・沃丁格（Robert Waldinger）在TED發表以「幸福的真諦」為主題的演講。

他所屬的組織花費七十五年的時間追蹤七百二十四名男性，記錄他們的工作、家庭生活、健康等。追蹤調查包括有錢人和貧窮人、生長在優渥環境的人和生長在貧民窟的人等不同境遇的人生。他再根據調查結果，在TED詳細說明什麼樣的人過著幸福的人生。

根據他的說法，決定幸福的因素並非環境、學歷、地位、經濟能力等。處在幸福狀態的人們，最大的共通點就是與喜歡的家人和可信賴的朋友共同生活，僅此而已。

因此，為了達到幸福狀態，身邊必須要有可信賴的朋友和家人。

他還補充說道，請大家不要誤會，以為只要不孤獨即可。事實上，許多家庭或公司組織總是陷入爭執，身邊有這樣的人或許不會孤獨，但也無法幸福。重點是最喜歡的家人和可信賴的夥伴。

・培養時的注意事項

有兩點注意事項。

第一點是不要一味追求多巴胺式的幸福感。

根據樺澤紫苑的著作《自造幸福：暢銷身心科醫師作家，教你三步驟具體實現身心健康、關係和諧、財富成功的最佳人生》（日文版由飛鳥新社出版，繁體中文版由今周刊出版），幸福有所謂的多巴胺式幸福、催產素式幸福，以及血清素式幸福。

多巴胺帶來的幸福是短暫的快樂，例如工作上獲得巨額收入、簽下新的合約，或是中彩券時感受到的幸福。

因此，多巴胺式幸福偏向於為了維持動力所需要的短暫幸福，在提升技能時也很需要這種幸福感。

然而，如果是以「幸福狀態」為目標，那麼就必須獲得「只要活著每天都感到幸福」的血清素式幸福。

第二個注意事項是不要被「應該要更加成長，為社會做出貢獻」、「應該要培養多項技能，成為一個有用的人」、「金錢有餘裕的話就應該捐獻」等話語迷惑。會說出這些話的，都是那些裝模作樣的人，我很討厭這種人。

無論是希望進一步貢獻社會或成為有用的人，有這樣想法的人自己去做就好了，不需要勉強他人。將這樣的想法強加在他人身上，只是在壓迫他人。

因此，沒有人有權利逼迫你「應該要為社會做出更多的貢獻」。對於那些活著就感到幸福的人而言，強加這些觀念在他們身上，反而讓他們無法維持幸福狀態。

真是多管閒事。

我們在獲得工作的收入時，就已經支付了稅金和社會保險，確實為社會做出了貢獻。沒有在工作的人也是如此。或許只是跟某個人說說話就可以療癒對方孤獨的心，在便利商店買東西也是對那家店的營業額做出貢獻。從這個角度來看，人只要存在，就以某種形式對社會做出貢獻。

因此，好不容易已經處於幸福狀態或接近幸福狀態的人，千萬不要被患有「社會貢獻病」的人迷惑。

如果想要進一步貢獻社會，在不超出自己負荷範圍的前提下擔任志工或捐款即可。

像我這種一人社長的自由工作者，年長的經營者就會對我說類似下面的話。

「友村啊，你應該要擴展公司，提供就業機會，對地方做出更多的貢獻。加油啊！」

真是多管閒事。這是老一輩經營者過時的理想，他們想把這樣的觀念強加在我身上。

講得誇張一點，我自己一個人對抗孤獨，透過 YouTube 將我學習和體驗到的各種新知傳遞給日本各地的人們。

我也因此經常收到「因為看了你的影片才有勇氣換工作」、「我實踐了影片中介紹的想法，成功幫助公司提升業績」、「你的影片減輕了我育兒的壓力」、「我讓女兒翹課跟我一起去看海，加深了母女的羈絆」等許多表達感謝的留言。

容我自吹自擂，不過我真的收到不止一兩則類似「我是第一次看 YouTube 看到流眼淚。感覺心靈被救贖了」的留言。

因此我可以很有自信地說，即使我的公司沒有創造就業機會，依舊對社會做出貢獻。

當然，創造就業機會也是值得讚揚的社會貢獻，但並非只有擴大公司規模、創造地方就業機會才是社長可以為社會做出的貢獻。

每一個人、每一種工作，貢獻社會的方法都不同。

在這個如此多元的社會，只有社會貢獻的形式不變，這難道不是一件愚蠢的事嗎？

因此，不要懷疑，當你處在幸福狀態時，已經以某種形式對社會做出貢獻。

當你處在幸福狀態，但仍發自內心想為社會做出更多貢獻，不妨在堅守幸福狀態的同時，在可以承受的範圍內嘗試。

後記

感謝大家閱讀至此。

覺得如何呢？

無論科技如何進步，人們始終都需要具備某些技能。相信大家已經察覺，比起寫程式等ＩＴ技能，我們需要的是更有人情味的技能。

因此，我們不需要對科技懷有敵對或畏懼之心，而是從接觸身邊的科技開始，理解我們與科技既屬於主從關係，也是共存關係，科技更是我們的幫手，如此一來便可以緩解對於科技的焦慮。

重要的是，不要因為焦慮而試圖取得各種證照，或是被「回流教育」或「技能再培訓」等現在流行的商業口號所迷惑。投資了許多金錢和時間多方嘗試，結果卻很有可能是培養的所有技能都將被科技取代。

換句話說，不了解科技是造成焦慮的最危險因子，如果能夠接受科技的優越性並思考共存之道，那麼就會看到我們應該前進的方向。

正如我在〈前言〉所說，不要急著一次學會本書介紹的所有技能。可以從自己感興趣或是覺得可以做到的技能開始實踐，慢慢培養。

請以培養五種技能為目標。如此一來，相信在二〇三〇年以後，你仍然可以做為一位商務人士存活下來，並且持續成長。

你可能會想：「原來如此。那就開始吧！」

請稍等一下。

● 先進行批判性思考

此時我希望大家發揮本書技能⑬介紹的批判性思考能力。

也就是說，請在這裡暫停一下，思考本書介紹的十九項技能和接下來介紹的一項祕密技能是否真的適合自己。

當然，我在撰寫本書時，確信這些都是二〇三〇年之後也適用的技能，是對大家有幫助的內容。

然而，接下來希望你仔細審視本書介紹的技能，並自行思考——是否認同這些技能的必要性和有效性、是否有其他重要技能沒有在本書被提及。

如果你已經完全認同，那麼不要猶豫，請立刻付諸行動。希望你最終能夠朝著本書最重視的「幸福狀態」邁進。

●擁有宇宙級視角

接下來請容我分享一下我的公司。

我公司的名稱是「水蚤株式會社」。很奇怪的名字吧。我想跟各位分享公司名稱的由來。

有一天，我因為工作的事情煩惱，並且把我的煩惱告訴了妹妹。結果她不僅沒有同情我，也沒有為我加油打氣，反而還說了下面這一段話。

「哥哥為了這麼點小事在煩惱？心胸狹窄的程度就好像是水蚤一樣，真是一點都沒變。」

現在回想起來，真的是很惡毒的說法。（笑）

然而，對於知道「宇宙曆」的我而言，聽起來卻像是讚美。

你知道什麼是「宇宙曆」嗎？

宇宙曆是將地球的歷史以一年的時間軸呈現，以地球誕生日為元旦，而現在是十二月三十一日。

根據名為「二十一世紀生存法則研究」（https://www.ne.jp/asahi/21st/web/）的網站，原始生命最初誕生的日期是二月二十五日，恐龍誕生的日期是十二月十三日，恐龍滅絕的日期是十二月二十六日。真是令人感傷，恐龍只存活了短短十三天。

而我們人類誕生的日期是十二月三十一日的下午十一時三十七分。竟然是二十三分鐘前才剛剛發生的事。

我們人類的一生在宇宙曆當中僅占〇．五秒，只有一剎那。

大家覺得如何呢？

這就是為什麼我在〈技能⑱：逃離力〉章節中會說，無論是你或是我，都沒有做什麼了不起的工作。

如果從宇宙的視角來看，人類與水蚤的壽命差距只是微不足道的誤差。

從地球的歷史或宇宙的歷史來看，我們的人生不過是一瞬間的火花。

這麼想的話，你難道不覺得陷入煩惱是在浪費寶貴的時間嗎？

反正人類也只是如同水蚤一般的微小生物，生命轉瞬即逝，何必在乎旁人的目光，盡情過著自己想要的人生吧！為了隨時提醒自己，我將公司取名為「水蚤」。

●心靈有時也需要按摩

最後我想要介紹一本書。

這是由同時兼具人工智慧研究員和腦科學評論家身分的黑川伊保子所寫的《積極生活太可笑：用腦科學舒緩心靈緊繃》（Magazine House）。

喜歡的書我會重複閱讀，而這本是我讀過最多次的書。

簡單來說，這本書可以幫助你以客觀的角度檢視努力投入自我啟發和自我鑽研的自己，反思「為何要如此裝模作樣？為何要如此拚命呢？」

我在本書〈技能⑲：幸福狀態〉的章節建議要設定一個人的幸福日，好好稱讚自己：「能夠持續進行自我鑽研，真是了不起！」

而黑川伊保子的書教會了我，在稱讚自己的同時，也需要有另一個自己扮演嘲諷的角色。「這麼努力真是了不起。雖然了不起，但我還是要說一句，幹麼這麼拚命呢？不如專注於眼前的幸福。」

這麼做，心情會輕鬆許多。這本書告訴我們，能夠以這種方式鳥瞰自己，正是幸福的狀態。

這本書改變了我的人生，真的非常推薦。

如果你讀完我的書之後，因為努力培養各種技能而感到疲累，這時請暫停並稱讚自己，同時試著嘲笑自己「幹麼這麼拚命」。

這麼做會讓你感到解脫，整個人都輕鬆了。然後重新獲得繼續努力的動力。

這本必須和我的書一起買！或者，應該先讀黑川伊保子的書。（笑）

換句話說，就像身體疲累時可以透過按摩舒緩，當你在實踐本書介紹的技能時，過程中如果心靈感到疲累，除了稱讚自己，透過嘲笑自己「太拚命了吧！冷靜一點！」來舒緩情緒，也是非常重要的事。

我在〈技能⑲：幸福狀態〉介紹的哈佛大學亞瑟教授，他認為幸福的三大要素是樂趣、滿足感、目的。這三大要素就如同人類三大營養素（蛋白質、醣類、脂質）一般，缺一不可。

從這個角度來看，建議你不妨帶著目的性磨練本書介紹的技能，偶爾停下來閱讀黑川伊保子的書，以輕鬆的態度嘲笑拚命努力的自己，並且滿足於現實中的幸福狀態。

為何我最後要在這本介紹未來技能的書裡說這段話呢？因為正如本書所述，在科技持續進步的未來，人類的第一大死因預測將會是精神方面的疾病。

因此，我希望各位努力培養未來技能，但同時也希望告訴大家，不要過度苛求自己，以免影響心理健康。

這是本書最後希望傳遞的訊息。

讓我們一起開創美好的未來吧！

第20項祕密技能

本書介紹了19項技能，正如我在前言所述，其實還有一項祕密技能。

這項技能當然與之前介紹的19項技能同樣是關乎未來生存的重要技能，但如果以文字來敘述，分量會過於龐大，而且它是一項不容易以文字表達的技能。因此我拜託日經BP出版社，最後這項技能讓我以影片介紹。關於第20項祕密技能，請務必在讀完本書之後觀賞。以下是影片連結。

謝詞

這是我第一次出版書籍，一切都是從一無所知的狀態開始。真的非常感謝從構思到寫作的每一步都提供細心幫助的地藏先生和松山編輯。同時也向參與本書設計、製作、裝訂的所有工作人員致上謝意。

我也要感謝一直以來支持我的妻子和三個孩子。因為有家人的協助，才能實現「出書」這個我一生的夢想。

最後，謝謝拿起本書的各位。我不是名人，大家卻願意花錢閱讀我的書，簡直是不敢相信的奇蹟，真的非常感謝。

願本書介紹的任何一項技能可以為你的人生帶來改變的契機。

科技未來學家　**友村晋**

財經企管 BCB834

未來力

打造不被 AI 取代的 19 種關鍵技能

2030 未来のビジネススキル 19

作者 — 友村晋（Shin Tomomura）
譯者 — 陳心慧

總編輯 — 吳佩穎
社文館副總編輯 — 郭昕詠
責任編輯 — 張彤華
校對 — 淩午（特約）
封面設計 — 江孟達（特約）
內頁排版 — 張靜怡、楊仕堯（特約）

出版者 — 遠見天下文化出版股份有限公司
創辦人 — 高希均、王力行
遠見・天下文化 事業群榮譽董事長 — 高希均
遠見・天下文化 事業群董事長 — 王力行
天下文化社長 — 王力行
天下文化總經理— 鄧瑋羚
國際事務開發部兼版權中心總監 — 潘欣
法律顧問 — 理律法律事務所陳長文律師
著作權顧問 — 魏啟翔律師
地址 — 台北市 104 松江路 93 巷 1 號
讀者服務專線 — (02) 2662-0012 ｜傳真 — (02) 2662-0007；(02) 2662-0009
電子郵件信箱 — cwpc@cwgv.com.tw
直接郵撥帳號 — 1326703-6 號 遠見天下文化出版股份有限公司

製版廠 — 東豪印刷事業有限公司
印刷廠 — 祥峰印刷事業有限公司
裝訂廠 — 台興印刷裝訂股份有限公司
登記證 — 局版台業字第 2517 號
總經銷 — 大和書報圖書股份有限公司｜電話／ (02) 8990-2588
出版日期 — 2024 年 3 月 29 日第一版第 1 次印行

定價 — NT 450 元
ISBN — 978-626-355-692-8
EISBN — 9786263556980（EPUB）；9786263556973（PDF）
書號 — BCB834
天下文化官網 — bookzone.cwgv.com.tw

國家圖書館出版品預行編目（CIP）資料

未來力：打造不被 AI 取代的 19 種關鍵技能／友村晋（Shin Tomomura）著；陳心慧譯 . -- 第一版 . -- 臺北市：遠見天下文化 , 2024.03
336 面；14.8×21 公分 . --（財經企管；BCB834）
譯自：2030 未来のビジネススキル 19
ISBN 978-626-355-692-8（平裝）

1. CST：職場成功法

494.35　　113002956

天下文化

BELIEVE IN READING